QUESTIONS

RELATIVES

A L'AGRICULTURE

ET A LA NATURE

DES PLANTES:

A LA HAYE,

Chez Jean Neaulme,

1752.

PREFACE.

DES deux Questions qu'on se propose d'agiter, l'une est de pratique, l'autre est purement spéculative.

Dans la première on cherche les moyens de forcer la Nature à donner à des Provinces & même à des Royaumes entiers, ce qu'elle leur a refusé jusqu'à présent.

Dans la seconde on examine l'essence des végetaux, & l'on tâche d'y trouver des facultés qui peut-être n'y furent jamais.

Dans l'une & l'autre, l'Auteur épuise autant qu'il est en lui toutes les ressources du raisonnement, pour prouver ce qu'il avance. Mais à l'égard de la pre-

PREFACE.

mière , dès qu'on aura fait les épreuves indiquées , la Queſtion ſera décidée : au lieu qu'à l'égard de la ſeconde , c'eſt une affaire de ſpéculati n , la Queſtion reſtera toujours. En fait de diſcuſſions de ce genre , l'expérience ſeule peut vérifier les choſes ; ce qui ne ſçauroit y être ſoumis , demeure néceſſairement problême.

PREMIERE
QUESTION

Ne reste-t-il plus d'épreuves à faire sur la nature des Vignes en Normandie, & autre pays qui ne donnent point de vin, ou en donne un sans qualité.

QUESTIONS

RELATIVES

A L'AGRICULTURE

ET A LA NATURE DES PLANTES.

Ne reste-t'il plus d'épreuves à faire sur la culture des vignes en Normandie, & autres pays qui ne donnent point de vin, ou en donnent sans qualité ?

ARTICLE PREMIER.

Terroir de Normandie ; tempérament & naturel des Normands : que leur boisson y contribue beaucoup.

LA fécondité de la Normandie est connue ; il seroit inutile de s'étendre sur cet objet. Extrêmement peuplée, cette Province tire d'elle-même au-delà de ce qui

A

eſt néceſſaire à ſes Habitans , & ſi vous en excluez le luxe , non-ſeulement elle ſe ſuffira , elle aura encore de quoi four-nir aux beſoins des autres.

Ses vergers ſont chargés d'arbres fruitiers ; d'immenſes Campagnes four-niſſent des grains de toute eſpèce ; des pâturages ſans nombre ſont couverts de troupeaux , ſes côtes nourriſſent les poiſ-ſons les plus délicats * : & ſi l'on exami-ne toutes ces productions (ſeules richeſ-ſes réelles) on ne ſçait qui l'emporte de la variété , de la qualité , de l'abondance.

Le tempérament des Normands incli-ne au froid ; le climat leur donne cette conſtitution , leurs anciennes alliances

---

* Non pas que les côtes de Normandie & des autres provinces de France que baignent l'Ocean , ſoient actuellement fort poiſſonneu-ſes; elles ont été telles, elles peuvent redeve-nir telles. Une police défectueuſe les a dévaſ-tées, une police mieux entendue les rétabliroit. J'ai eu lieu d'examiner cet objet , & peut-être dans la ſuite aurai-je lieu d'en rendre compte.

l'ont favorifée, & leur boiffon l'entre-
tient.

La chaleur & la legéreté qui l'accompagne emportent l'efprit fur mille objets
& permet rarement d'en approfondir aucun ; le fens froid du Normand l'arrête
fur un petit nombre qu'il pénetre. Avec
de pareilles difpofitions il eft fait pour
les recherches les plus profondes, &
peut-être perfonne n'eft plus propre aux
fciences ; mais le petit nombre, comme
par-tout ailleurs, fe livre à l'étude ; la
foule fe livre aux affaires & au commer-
ce. Ceux-ci avec cet efprit de difcuffion
& de combinaifon qui leur eft naturel,
envifagent les affaires par toutes leurs
faces, & ne manquent jamais de faifir
tous les endroits qui leur font favorables. Bien-tôt l'efprit d'intérêt commun
à tous les hommes, groffit à leurs yeux
ce qu'ils ont trouvé à leur avantage ;
les longues & fortes réflexions, comme
il arrive prefque toujours, les condui-

fent à l'entêtement ; ils fe frappent de leurs idées , s'entêtent de leurs droits , & fe perdent dans les labyrinthes de la Jurifprudence. Ainfi dans fes écarts même le Normand a encore la marche d'un homme qui avance dans les fciences. Les affaires deviennent fa philofophie , fes prétentions lui tiennent lieu de fyftême , & le barreau eft fon académie. De la même fource dérive la fageffe & ce qui lui eft le plus oppofé.

Ce naturel que ceux du pays ont toujours tenu du climat, n'a été que fortifié par les alliances : le phlegme Anglois n'étoit pas pour le changer. Aujourd'hui même leur boiffon ne contribue pas peu à l'entretenir. La fermentation ne s'empare pas auffi intimement du fuc de la pomme que du fuc de la grappe. Plus vifqueux & moins fpiritueux que le vin , le cidre nourrit davantage & échauffe moins. Ainfi le tempérament fuppofé égal , le cidre donnera aux fibres plus de

force, le vin plus de foupleffe & d'agi-
lité ; le cidre donnera à l'efprit plus de
vigueur, le vin plus de vivacité & de
délicateffe.

Je ne doute pas que fi jamais le vin
devenoit la boiffon ordinaire des Normands, leur tempérament ne fe modi-
fiât. Les inconvéniens qu'entraîne leur
naturel diminueroient, mais les avantages qui y font attachés, diminueroient
auffi, & je ne fçais trop fi à cet égard il
y auroit à gagner ou à perdre.

A iij

********:***********

ARTICLE II.

Que l'établissement des vignobles en Normandie seroit de la plus grande utilité pour cette province , & n'auroit rien de contraire à l'Ordonnance , qui défend de les multiplier.

UTILE peut-être par l'effet même dont nous venons de parler , le vin seroit tel à tout autre égard en Normandie.

Mais une plante qui pullule avec profusion dans les terreins stériles, manque au pays le plus fertile. Une vigoureuse végétation tire de nos arbres les fruits les plus parfaits , & ne peut tirer de nos vignes qu'un raisin vapide & sans qualité. Tout le reste abonde , mais la plus précieuse des productions de la Nature après le bled, le vin manque, & en quelque sorte dégrade l'abondance de tout le reste.

Ce que le pays leur refuse, les habitans le vont chercher ailleurs ; fâcheuse ressource qui, faisant sortir de leurs mains une portion de leur fortune, attaque & ruine sourdement l'aisance de la Province.

Si jamais nous trouvons le moyen de tirer du vin de notre crû, non-seulement la Normandie jouira de toute sa fortune, elle acquerra même de nouvelles richesses. Malgré l'excellence du sol en général, combien de terreins en particulier incultes ou peu féconds ? Et parmi ceux-ci, combien ne s'en trouveroit-il pas qui seroient propres aux vignobles ?

Je n'examine point ici si l'Edit qui, dans le dessein de multiplier les grains, défend de multiplier les vignobles, atteint ou peut atteindre son but. J'ose assurer seulement que la culture des vignes en Normandie, n'auroit aucun in-

A iv

convénient, pas même de cette nature.
Des lieux incultes ou à-peu-près, feroient mis en valeur, & c'eſt un bien
qui ne feroit altéré par aucun déſavan-
tage. Si dans la fuite on prenoit pour établir des vignobles, des terroirs qui actuellement rapportent des grains, dès-
lors on rendoit à ces mêmes grains d'autres terroirs d'où actuellement ils ſont
en quelque forte exclus. Les plants de
pommiers jettent un ombrage qui éner-
ve la végétation & rend la terre qu'il
couvre inféconde ; mais à proportion
que les vignobles s'établiroient, les
pommiers diſparoîtroient ; ainſi ce que
la vigne prendroit d'un côté, les pommiers le rendroient de l'autre, les choſes
demeureroient compenſées à cet égard,
& l'utilité feroit toujours réelle.

❧❧❧❧❧❧❧❧❧:❧❧❧❧❧❧❧❧❧

ARTICLE III.

Que les tentatives qu'on a faites pour avoir des vins du crû de Normandie, ont été infructueuses & ont dû l'être.
1°. Qu'il reste beaucoup de choses à essayer du côté de la culture.

CE s réflexions ne font pas neuves, elles n'ont pas mêmes été toujours oifives. Plufieurs fois de zèlés citoyens ont entrepris de pourvoir leur patrie de la feule chofe qui femble lui manquer. Ils ont cultivé la vigne, mais ils n'ont jamais eu qu'une liqueur fans qualité, & leur peu de fuccès n'a fait qu'augmenter le préjugé, que la Nature qui nous donne tant, nous refufe abfolument le vin.

Mais quand on vient à examiner la maniere dont ces zèlés patriotes s'y font pris, on ne fçait plus à quoi attribuer leur peu de fuccès, on ne fçait plus fi l'on doit accufer le climât ou le terroir, la vigne ou le cultivateur.

Dans toutes les recherches qu'on a faites, on n'a jamais eu que des idées vagues pour guides & point de principes. Par exemple, le terroir de Normandie pourroit donner de bon vin avec telle vigne, & de mauvais avec telle autre : on n'a point fait attention à cette maxime, ou l'on n'y en a pas fait affez. On s'eft contenté de cultiver trois ou quatre fortes de vignes, il falloit en cultiver de tout genre, ne rien confondre & examiner chaque produit. Le même fol, la même humeur, la même féve donne dans un arbre un fruit doux, dans un autre, un fruit acide, & dans un troifiéme, un fruit amer. Il en eft de même des vignes, elles différent proportionnellement entr'elles, comme ces arbres différent entr'eux. Nous ne tarderons pas à reprendre cette queftion.

Nous avons planté, cultivé & vendangé comme nos voifins. Leurs vignerons appellés parmi nous n'étoient pas même en état de rien innover. Nous devions donc nous attendre à avoir un vin encore inférieur au leur, c'eft-à-dire, de la derniere qualité : tout le refte étoit égal, & notre terroir, notre climat étoient moins favorables.

Qu'on examine la vigilance, les foins & les manœuvres des habitans de certains pays d'où nous tirons ces vins fi généreux & fi exquis : en ufant des mêmes moyens, nos vins, je le veux, ne feront pas de la même qualité, mais au moins feront-ils fort fupérieurs à tout ce que nous avons eu jufqu'à préfent dans nos cantons les moins défavorables.

Il eft dans la culture, des abus qu'on peut regarder comme univerfels ; telle eft la faifon qu'on prend pour tailler la vigne. On a ouvert des avis à cet égard ; nulle part, ou prefque nulle part on ne

les a fuivis ; on n'en a pas même enten-
du parler en Normandie.

Une autre chofe, peut-être encore plus
importante , & à laquelle il paroît qu'on
a fait tout auffi peu d'attention , c'eft la
double voie par laquelle les vignes prennent leur nourriture. Les feuilles & les
fruits en reçoivent de l'air , comme les
racines en reçoivent de la terre. Des
pores ouverts fur toute la furface exté-
rieure , abforbent l'humidité de l'atmofphere , comme les canaux pratiqués dans
les racines fucent l'humidité de la terre.
Si donc on doit tant d'attention à la nature du terroir qui doit fournir aux racines , on n'en doit pas moins à la nature de l'air qui doit fournir aux feuilles & aux fruits. A-t-on pris à cet égard
les mefures néceffaires ? Je veux qu'on
ait évité , par exemple , les fonds où les
racines fe feroient imbues d'une trop
grande quantité d'eau ; mais a-t-on évité les couches d'air , où les feuilles au-

roient nagé en quelque forte dans ces vapeurs aqueufes fi propres à énerver le fruit. Ceux qui ont élevé les ceps plufieurs pieds au-deffus du niveau du terroir, ont pris des précautions fur lefquelles ils n'ont jamais affez raifonné & dont par conféquent ils étoient bien éloignés de tirer tout le parti poffible.

Dans les cantons les plus propres à la vigne, une culture négligée à certain point, fait dégénérer le vin ; la qualité du fol n'eft point capable d'y fuppléer. De quelle conféquence de femblables fautes ne doivent-elles pas être dans un pays où l'on n'a aucune reffource à attendre du côté de la difpofition naturelle du terroir ?

Je hazarderai une réflexion ; on n'eft guères dans l'ufage d'enter la vigne fur une autre vigne, moins encore de l'allier à un autre arbre. Cela s'eft pourtant quelquefois pratiqué & avec une forte de fuccès. En la greffant fur des cerifiers,

on a eu des raiſins dans le tems des
ceriſes ; en la greffant ſur des lauriers,
on a eu des raiſins avec les baies de
laurier. Ces arbres avec le ſuc font paſſer
leurs qualités à leurs nouriſſons. Les raiſins provenus du ceriſier ſont fort beaux,
mais très-aqueux & très-acides ; ceux
qui viennent du laurier ont une legere
amertume qui les fait rechercher de beaucoup de gens. N'eſt-il que le laurier ;
n'eſt-il que le ceriſier ſur leſquels on puiſſe avec quelque ſuccès enter la vigne ?

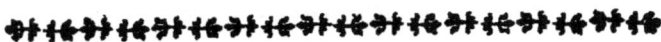

ARTICLE IV.

2°. Qu'il reste beaucoup de choses à essayer pour donner au moût les qualités qui lui manquent.

CE qu'on opere sur le raisin par la culture, n'est en rien comparable à ce qu'on peut opérer sur le moût par la fermentation.

La fermentation est un effort de la Nature qui reprend aux corps ce qu'elle leur avoit donné & qui détruit ce qu'elle avoit fait. Son premier travail sur le suc des fruits donne du vin, le second donne du vinaigre, le troisiéme établit la corruption, dénature entiérement la liqueur, & rend les élémens qui la composcient à leur premiere simplicité. C'est du premier dégré de la fermentation, je veux dire du travail intestin qui forme une liqueur vineuse, qu'il est ici question.

Le moût n'eſt autre choſe que de l'eau dans laquelle ſont délayées une partie ſucrée , une partie extractive , & quelquefois une partie colorante. Le premier degré de la fermentation n'attaque que la premiere. Les deux autres reſtent intactes , & dans la ſuite donnent au vin la couleur & ces goûts ſinguliers de terroir , dont quelques-uns ſont ſi flateurs & d'autres ſi déſagréables.

Cette partie ſucrée que les Chymiſtes appelle muqueuſe , eſt principalement compoſée d'huile , de terre & d'un ſel acide. Dans les premiers chocs de la fermentation , ces principes ſe déſuniſſent ; des efforts ultérieurs les réuniſſent enſuite , mais dans une nouvelle proportion. De l'huile & du ſel forment de l'eſprit de vin ; de l'huile , du ſel & de la terre forment du tartre , & la partie muqueuſe qui a tout fourni , n'exiſte plus ou il en reſte peu.

Dès-lors le moût n'eſt plus moût ;
c'eſt

c'eſt du vin, c'eſt-à-dire, de l'eau qui,
outre la partie extractive & colorante
dont nous avons parlé, contient maintenant de l'eſprit & du tartre.

La proportion dans laquelle ces différens corps ſont aſſemblés, décide de la
qualité du vin. S'il y a trop de l'un, trop
peu de l'autre, le vin eſt défectueux; ſi
le tartre domine & que le vin tire à
l'auſtere, c'eſt que l'acide ſurabon-
doit dans la partie muqueuſe, & que
l'huile n'y étoit pas en aſſez grande quantité. Si le vin file & s'engraiſſe, c'eſt que
l'huile dominoit & qu'il n'y avoit pas
aſſez d'acides. Si le vin eſt ſans force,
c'eſt que la partie muqueuſe étoit diſſou-
te dans une trop grande quantité d'eau,
&c.

Il faut donc retrancher ce qui ſe trouve de trop, ou ce qui eſt pour l'ordinaire bien plus aiſé, ajoûter ce qui manque.

Mais quand une fois le vin eſt fait, il

B

eſt bien tard d'entreprendre de le corriger ; la Nature a fait une pauſe , tout eſt
en repos ; les diſſolutions , les dépura-
tions , les combinaiſons ne peuvent plus
ſe faire , ou ſi elles ſe font c'eſt imparfaite-
ment : les mélanges que vous eſſayerez
n'auront point de ſuccès ou n'en auront
qu'un très-médiocre. Un vice établi ne
ſe détruit guères; on le prévient ſouvent
avec facilité.

Dès le tems de la culture on peut
fournir des huiles par les engrais ; dans
le tems de la vendange , les pédicules
ménagés avec art donnent plus ou moins
d'acides ; dans le tems de la fermentation , on peut introduire dans la liqueur,
des eſprits , des matieres muqueuſes , tel
autre corps qu'on jugera à propos , &c.

Des ceriſes entre les mains d'un célébre Chymiſte de nos jours , donnent un
vin qu'on prendroit pour être de Bour-
gogne ; que n'a-t-on pas lieu d'attendre
du raiſin même , ſi on l'emploie avec intelligence ?

************:************

ARTICLE V.

3°. Qu'il reste encore beaucoup de recherches à faire par la voie des semences.

APRÉS avoir cherché les moyens de tirer parti de ce que nous avons, nous allons maintenant chercher ce qui nous manque. Il seroit bon de corriger les défauts de ce qui est en notre possession ; il seroit meilleur que ce qui est en notre possession fût sans défaut. Un raisin qui a de la qualité sera toujours préférable à un raisin qui n'en a point, quoiqu'on y supplée, parce que la Nature est préférable à l'Art.

On trouve en Normandie comme ailleurs de petites montagnes, des vallées, & ce qui est si recherché pour les vignes, des côteaux qui se présentent de la maniere la plus favorable. La Normandie ne diffère donc des pays à vignobles, que par la température de l'air, ou par la nature du terroir.

L'air peut être plus ou moins vif & leger, plus ou moins chaud, plus ou moins humide, &c.

Les terroirs varient en bien des manieres. Dans l'un il se trouve des corps étrangers qui ne se trouvent point ailleurs, ce qui peut procéder, par exemple, des émanations souterraines ; dans d'autres, les principes élementaires étant les mêmes, ils ne font point dans la même proportion ; dans d'autres enfin les élemens étant les mêmes & dans la même proportion, la cause qui combine les principes & dirige la végétation a plus ou moins d'efficace. De tout cela il résulte pour les plantes un esprit, une humeur, une séve différente.

Le progrès de tout végétal dépend du rapport qu'il a avec le climât & le terroir où il s'élève. Il lui faut un certain aliment, il lui faut un certain degré de chaleur ; fi votre climat s'éloigne de ce degré, fi votre terroir ne donne point cet aliment, jamais vous ne tirerez de vos plantations le fruit que vous vous promettez.

A parler ftriétement & dans la rigueur botanique, il n'y a qu'une efpèce de vigne qui donne du raifin & du vin, mais cette efpèce fournit plufieurs variétés. Chacune de ces variétés fuit la règle générale & profpere plus ou moins, fuivant qu'elle a plus ou moins de rapport au terroir & au climat. Pour avoir du vin en Normandie, il faut donc chercher une variété qui ait un vrai rapport au fol & à la temperature de l'air.

S'il arrive que les variétés qui profpérent dans un pays plus chaud que le nôtre, ne puiffent réuffir parmi nous ; fi celles qui profpérent dans un climat à-peu-près femblable, y jouiffent d'un terroir différent & ne peuvent encore réuffir dans le nôtre ; fi enfin de toutes les variétés connues, aucune ne convient à la Normandie ; toutes manquent de rapport, foit au climat, foit au terroir de cette province : il en faut donc chercher d'autres, & pour cela, *il faut femer.*

ARTICLE VI.

Preuves qu'il faut femer.

TOUT pays ne nourrit pas toute plante. Si un arbre quelconque d'un climat chaud, par exemple, languit & meurt en Normandie, la Nature indique affez par ces fignes finiftres que cette plante n'eft point faite pour ce pays. En vain effayeroit-on, en femant, de trouver des variétés qui puffent s'accommoder de la température de notre province : où la mort s'empare de l'efpèce, les variétés ne peuvent avoir lieu.

Si la vigne étoit dans ce cas, il ne faudroit point penfer à avoir des vins de Normandie ; mais bien loin d'y périr, elle s'y nourrit peut-être mieux que partout ailleurs, & cela feul prouve, ce

femble, fuffifamment que cette province ne devroit point être privée de la liqueur qu'elle donne. Les vignes y vé-
getent parfaitement, celles qui y croif-
fent aujourd'hui ne donnent point un
raifin de bonne qualité, fi l'on en cherche qui le donne meilleur & qu'on n'en
trouve point ni en Italie, ni en Efpagne,
ni dans nos provinces méridionales, ni
dans aucun autre pays, il refte à en chercher dans les magafins de la Nature, dans
les femences.

Les femences donnent toujours les
mêmes efpèces, mais fouvent des efpèces variées; & ces variétés différent
non-feulement quand à la forme, mais
encore quant à la qualité. Les noyaux
de pêches ont toujours fourni des pê-
chers, mais l'un a donné l'admirable,
un autre, la magdelaine, un autre, la
corbeil, &c.

Les variétés de chaque efpèce de
plante, n'ont certainement pas commencé

mencé d'exister en même-tems ; elles ne
se sont montrées qu'à la longue & les
unes après les autres. Ce n'a été que
dans le laps des tems & après les développemens successifs des germes, qu'on
a trié de la multitude celles qui ont pû
être utiles aux hommes.

Les différentes sortes de vignes dont
on est en possession, n'ont point d'autre
origine : des germes se sont ouverts &
les ont produites. Dans les climats où l'on
s'en est bien trouvé, on s'en est tenu là ;
où elles ont été transplantées & n'ont
réussi que médiocrement, on s'en est encore contenté ; & là même où elles n'ont
point du tout réussi, on n'a pas été plus
loin & l'on a renoncé au vin ; comme
s'il falloit avoir du muscat ou point de
raisin. Ces variétés ne convenoient pas,
pourquoi n'en pas chercher d'autres ? Et
s'il ne s'en trouvoit point d'autres, pourquoi ne pas semer ?

Le Fleuriste seme pour avoir de nou-

C

velles fleurs , le Jardinier feme pour avoir de nouveaux arbres fruitiers , pourquoi ne femerions-nous pas pour avoir de nouvelles vignes ? Le premier donne l'être à ces fleurs fi recherchées par leur éclat , plus encore par leur nouveauté ; le fecond enrichit nos vergers de ces arbres récemment découverts , dont le fruit eft d'autant plus précieux , qu'il eft unique; pourquoi par les mêmes moyens, ne pas orner ces côteaux ftériles , de vignes nouvelles qui s'accommoderoient du climat & du terroir ?

En général les végetaux fe multiplient en deux manieres , par extenfion, par génération. Les greffes , les marcottes , les boutures multiplient par extenfion , les femences multiplient par génération. Mais il y a bien de la différence entre les produits. La voye de l'extenfion ne donne jamais que le même arbre , celle de la génération peut donner des variétés fansnomb re. La premiere multiplie les avantages déja trouvés; la seconde en décele de nouveaux. Celle-ci est utile, quand même l'autre ne manque pas ; elle devient néceſſaire quand l'autre manque.

Queſt-ce que le vin ? L'humeur de l'air & de la terre, préparée dans la vigne & perfectionnée par la fermentation. Les vignes, les filtres auxquels nous avons préſenté le ſuc de notre terroir, ne l'ont pas bien préparé, pourquoi ne pas nous en procurer d'autres par la voye des ſemences ?

Il y a je ne ſçais combien de poiriers qui dans le pays ce ſemble le plus convenable à cette eſpèce d'arbre, donnent un fruit qui ne mûrit point ; il y en a auſſi un grand nombre d'autres dont le fruit mûrit parfaitement. Que ceux-ci ayent produit ceux-là, ou en ayent été produits, cela eſt fort incertain. Nous pouvons donc ſuppoſer que ceux dont le fruit ne mûrit point ont exiſté avant

les autres. En ce cas nous ferions encore
à ceuillir fur l'arbre une poire dans fa
maturité, fi l'on n'avoit pas femé. Ce que
nous difons du poirier, nous le pouvons
dire de la vigne. Peut-être que la premiere qui ait exifté n'étoit bonne à rien :
nous ne connoîtrions point le vin, fi
des germes ne nous en avoient dévelop-
pé d'autres.

J'obferve que le terroir, l'expofition
& le refte égal, relle vigne me donne
du verjus ; telle autre, un raifin qui
mûrit un peu ; tel autre, un raifin qui
mûrit encore un peu plus ; je planterai
donc différentes fortes de vignes pour
en trouver une dont le fruit mûriffe parfaitement ; & fi j'épuife fans fuccès les
variétés connues, je femerai pour en
avoir de nouvelles. Ce que je dis de la
maturité, doit s'entendre auffi des autres
qualités ; les mêmes principes ont toujours lieu, & l'on en doit tirer les mêmes conféquences.

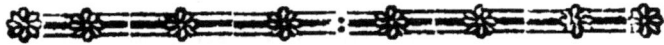

ARTICLE VII.

Suite des Preuves.

JE souhaiterois bien m'être trouvé à portée de quelqu'un de nos zélés Patriotes , qui pourvu de différentes fortes de provins , se seroit disposé à donner du vin à ses Concitoyens. Il me semble que je lui aurois épargné bien des peines inutiles. » Dans ces différentes » fortes de vignes vous en cherchez qui » conviennent à votre pays , lui aurois- » je dit ; mais ne voyez-vous pas que » venus de climats différens du vôtre , » une preuve qu'elles ne réussiront que » médiocrement ou point du tout, c'est » qu'elles réussissent-là ? Voyez ce Co- » rinthe, il est parfait dans les Isles de » l'Archipel , il dégénere dans les » Provinces méridionales de France ; » quel pensez-vous qu'il doive être ici ?

C iij

» Ce qui eſt vrai à l'égard de cette vi-
» gne, pourroit bien l'être à l'égard de
» toute autre. Laiſſons ce tas de provins
» qui probablement ne peuvent vous
» occuper qu'infructueuſement, & rai-
» ſonnons ſur votre projet. Puiſque vous
» cherchez une vigne qui, convenant à
» votre terroir, donne de bon vin, n'eſt-
» il pas vrai que s'il y avoit aux envi-
» rons ou plutôt dans quelque coin de ce
» terroir même un ou pluſieurs milliers
» de vignes, la plûpart de genres diffé-
» rens mais inconnus, vous ne manque-
» riez pas d'examiner ſi parmi toutes ces
» variétés vous ne trouveriez point celle
» que vous cherchez. N'auriez-vous pas
» lieu de vous flater de rencontrer dans
» votre terrein, ce qui convient à votre
» terrein même? Ne ſeroit-il pas plus pro-
» bable que vous l'y trouveriez plutôt que
» dans tout autre? Ne ſeroit-il pas en quel-
» que ſorte contre l'ordre d'éprouver des
» productions étrangeres, préférable-

» ment à celles qui croiſſent autour de
» vous ? Hé bien, ces milliers de vignes
» dont je vous parle, vous les avez en
» votre diſpoſition, vous n'avez qu'à
» femer. «

En vain nous nous ſommes entêtés à
provigner certaines variétés ; nos vignes
pleines de ſeve & de vigueur, après
nous avoir ſéduits pendant tout le tems
de l'accroiſſement par les apparences les
plus flateuſes, nous ont toujours trompé dans le tems de la maturité & de la
vendange. Une grappe abondante &
bien nourrie, mais auſtere & ſans qualité, ne nous a pû donner la liqueur que
nous nous promettions. Quelle en eſt la
cauſe ? Eſt-ce ſur-abondance de nourriture ? Cherchons une variété dont l'organiſation refuſe une ſi grande quantité
de ſuc. Eſt-ce tenacité dans l'union des
principes alimentaires que la vigne ab-
ſorbe & que la chaleur trop débile ne
peut analyſer & réduire ? Cherchons une
C iv

variété qui n'admette que des fucs plus aifés à travailler. Eft-ce langueur, eft-ce retardement dans les développemens ? Cherchons une variété précoce. Eft-ce quelque autre défaut, eft-ce tous ces défauts enfemble ? Cherchons une variété qui ait les qualités oppofées. Qu'importe que parmi toutes les vignes exiftantes nous n'en trouvions point de telles ; nous avons les mains pleines, femons.

Il n'eft point de Phyficien qui ne convienne qu'en femant on pourroit trouver une nouvelle vigne, que cette vigne pourroit produire des grappes dont les grains ne fe comprimeroient point & feroient d'un volume plutôt petit que grand, que cette même vigne pourroit être précoce, qu'enfin elle pourroit donner un fruit auffi bon que le meilleur raifin connu ; une pareille vigne feroit fans doute celle qu'il faudroit cultiver en Normandie. Tout annonce que fon fruit y parviendroit à la plus grande maturité , & auroit toutes les qualités que celui que nous vendangeons n'a point.

On pourroit non-seulement trouver une vigne de cette sorte ; mais encore plusieurs variétés , je veux dire d'autres vignes qui pourvûes des mêmes qualités , varieroient pourtant entre elles par la forme , par la configuration du fruit , & ce qui est plus essentiel , par le goût qu'elles donneroient à la liqueur qu'on en exprimeroit. Mais dût-on n'en trouver qu'une seule , ce seroit toujours avoir trouvé un trésor & un trésor inépuisable , puisque plus on en tireroit par la propagation que nous avons appellée extension , plus le fond en augmenteroit. Cela n'empêcheroit pas même que nos vins ne variassent ; les différens terroirs leur imprimeroient différens tons.

On a désiré avoir du vin , on a planté quelques vignes & on n'en a point eu ; donc notre terroir, a-t-on dit , n'est point fait pour avoir du vin. Conclusion précipitée : il falloit dire , donc les vignes que nous avons plantées ne sont point faites pour notre terroir ; donc il en faut chercher d'autres , & si nous n'en trouvons pas , donc il faut semer.

Enfin si l'on fait les expériences dont je parle , qu'on les fasse bien & qu'on ne réussisse point , il sera prouvé que de toute impossibilité on ne peut tirer de bon vin du terroir de Normandie ; la chose restera indécise tant qu'on n'aura point essayé.

✳✳✳✳:✳✳✳:✳✳✳:✳✳✳✳

ARTICLE VIII.

Que les essais qu'on propose peuvent se ten-
ter pour beaucoup d'autres pays que la
Normandie.

QUELQUES-UNS marquant des bornes aux largesses de la Providence, ont circon■■■ les pays où la vigne
peut être cultivée avec avantage. Les
climats, ont-ils dit, qui se trouvent entre le quarantiéme & le cinquantiéme
degré de latitude, peuvent donner du
vin ; en-deçà vers l'Equateur, il fait
trop chaud ; au-delà vers le Pole, il fait
trop froid. Ils n'ont pas fait attention
que si nous avions moins de sortes de
vignes, il faudroit rétrecir ces limites ,
& que si dans la suite nous en avons un
plus grand nombre, il faudra sans doute
les étendre & peut-être de beaucoup. A

ne confidérer que les variétés actuelles,
on a lieu de s'étonner qu'un si grand
nombre de pays ayent pû y trouver ce
qui leur convenoit : mais à confidérer
les variétés poffibles, on croira aifément
qu'il eft peu de climats qui n'y trouvaf-
fent de quoi s'accommoder.

Quoiqu'il en foit, ce que nous avons
dit jufqu'à préfent regarde non-feulement la Normandie, mais encore tout
pays dont le climât en à peu près pa-
reil, c'eft-à-dire, dont l'intempérie froi-
de & humide n'eft pas exceffive. Plufieurs Provinces d'Angleterre en particulier , & entr'autres la Province de
Galles , femblent n'attendre que ces fortes d'entreprifes pour fournir les plus
excellens vins.

Ces mêmes effais que nous confeil-
lons pour les climats dont l'intempérie
tourne au froid ; nous pouvons, ce femble , les confeiller auffi pour ceux dont
l'intempérie tourne au chaud , & qui

par-là font privés des avantages des vignes exiftantes qui paroiffent exiger un air tempéré. S'il eft dans la nature du pepin de raifin de pouvoir développer des vignes propres à un climât qui incline au froid ; on ne voit pas pourquoi il ne feroit pas donné à ces mêmes pepins d'en développer d'autres pour un climât qui inclineroit au chaud. La même caufe qui d'un certain milieu atteint un des extrêmes , peut atteindre l'autre.

S'il eft vrai que nous n'ayons pû avoir de vin en Normandie , parce que nous n'avons point trouvé la vigne qui nous convenoit ; il fera encore vrai que dans les pays où l'on a du vin , mais du vin médiocre , on ne l'a tel que parce qu'on n'a pas trouvé une vigne qui eût un rapport affez prochain au terroir & à la température de l'air. De part & d'autre il faut faire de nouvelles recherches & avoir recours aux femences.

Irai-je encore plus loin ? Les pays

qui fourniffent les meilleurs vins , n'en
pourroient-ils point fournir encore un fu-
périeur ? Eft-il bien, fûr qu'on ait eu le
bonheur d'y rencontrer les variétés les
plus appropriées qui puiffent exifter ?
Peut-on décider cette queftion fans avoir
confulté la Nature & tenté nos expériences ?

ARTICLE IX.

Précautions à prendre dans les recherches qu'on propose.

AU surplus, il ne faut pas croire que la Nature se présente avec toutes ses richesses, dans les premiers efforts qu'on lui aura demandés. Il faudra du tems aux plantules provenues des pepins, pour prendre assez de force & être transplantées. Il en faudra encore à ces vignes transplantées pour donner du fruit, & permettre à l'Observateur de discerner celles dont il aura lieu de plus espérer; il en faudra enfin à celles-ci pour se provigner & se multiplier au point de donner une certaine quantité de vin, car ce n'est qu'alors qu'on pourra juger si l'on a pleinement réussi. Pendant tout ce tems il sera essentiel d'avoir toujours les yeux ouverts fur les progrès de la végétation & de ne rien négliger de tout ce qui pourroit donner quelque éclaircissement.

Je souhaite que ces difficultés écartent de l'entreprise ceux qui ne se connoissent pas en état de les surmonter. Leur peu de succès ne feroit qu'inspirer de la défiance, & le résultat de leur procédé défectueux refroidiroit & feroit craindre que des expériences plus exactes n'eussent le même fort. En voulant servir leur Patrie, ils la desserviroient.

Assez de fortune pour travailler en grand & n'épargner aucunes dépenses nécessaires ; assez d'exactitude pour suivre scrupuleusement ses expériences ; assez de justesse pour ne rien laisser échapper d'essentiel ; assez de zèle pour soutenir des détails sans cesse multipliés ; voilà ce que j'exigerois dans un Observateur.

Un tel homme, s'il avoit le courage d'entreprendre,

d'entreprendre , auroit fans doute le bonheur de réuffir. Il ouvriroit un tréfor à fes Concitoyens , & il en tireroit autant de gloire , que fa patrie d'utilité.

Fin de la premiere Queſtion.

D

SECONDE

QUESTION.

POURQUOI les Plantes ne feroient-elles pas de véritables Animaux ?

D ij

Pourquoi les Plantes ne seroient-elles pas de véritables animaux ?

ARTICLE PREMIER.

Les végétaux font des corps organiques comme les animaux.

J'ENTENS parler tous les jours de matiére brute & de matiére organique, mais je ne vois perfonne en donner une idée précife. Voici celle que je me fuis formée. J'appelle corps organique celui qu'on peut détruire fans attaquer les principes qui le compofent, & matiére brute, celle qu'on ne peut détruire fans la décompofer.

Qu'un élément se joigne à un autre élément, un atôme d'eau à un atôme de terre, il en résultera un mixte, un corps brute. Que ce mixte se joigne à un au-mixte, & celui-ci encore à un autre, il n'en résultera jamais que des corps brutes. Et comme l'essence de ces corps consiste dans la nature & la proportion de ces unions, il est clair que pour atta-quer cette essence & détruire le corps, il faut remonter jusqu'aux principes, soit primitifs, soit secondaires & les sé-parer. Coupez en autant de parties qu'il vous plaira une masse de plomb, vous n'attaquez point son essence, chaque partie sera toujours du plomb ; mais ôtez à cette masse une portion du feu qui entre dans sa composition, vous la prenez par ses principes, vous détrui-sez le corps brute, il vous reste une espèce de chaux, le plomb a disparu.

Les corps organiques sont composés de parties, ces parties de canaux, ces canaux de membranes & de fibres ; ainſi pour détruire le corps organique , il ne faut que ſéparer ſes parties ; pour détruire les parties , il ne faut que ſéparer les canaux ; pour détruire les canaux , il ne faut que ſéparer les membranes & les fibres , & en tout cela on ne touche point aux principes.

Ces objets ne peuvent-être trop approfondis. C'eſt la clef des connoiſſances fondamentales de l'œconomie minérale , végétale & animale. On s'eſt trop négligé à cet égard , & de-là vient principalement l'embarras où l'on ſe trouve tous les jours dès la premiere diſtribution des corps naturels en trois régnes. Nous ne tarderons pas à nous en expliquer.

On voit que la définition des êtres organiques convient autant à la matiére qui forme le corps d'un végetal , qu'à celle qui forme le corps d'un animal. La diviſion la plus générale des corps naturels & qui se tire de la différence la plus essentielle qui se puisse trouver entre eux, réunit du même côté les végétaux & les animaux & nos premiers regards apperçoivent les uns & les autres rangés dans la même classe.

CHAP.

✝✝✝✝✝✝✝✝✝✝✝✝✝✝ ✝✝✝✝✝✝✝✝✝✝✝✝

ARTICLE II.

Leur génération est la même.

DU côté de la multiplication j'obser-
ve d'abord que les développemens,
qui surviennent dans un individu, relativement à cet objet ne s'opèrent que
quand l'individu touche à sa perfection.
C'est en quelque-sorte le dernier effort
de la Nature qui finit où elle avoit commencé & redemande ce qu'elle a donné.
A cet égard, il en est des végétaux
comme des animaux. Le Jardinier
n'ignore pas que ces branches vigou-
reuses qui prennent une nourriture abondante, & donnent du bois à proportion,
annoncent une jeunesse durable & des
fruits tardifs; il ne ménage que ces branches débiles où les derniers développemens ne tarderont pas à se faire, où la
E

fructification ne tardera pas à s'opérer.

Parmi les végétaux vous trouverez des mâles, des femelles, des hermaphrodites comme parmi les animaux. Vous y trouverez des mêlanges, des fécondations, des germes qui en réfultent. Vous trouverez enfin que la graine contient les rudimens d'un individu tout femblable à celui dont elle procéde ; c'eft l'œuf des végétaux.

Quant à la mécanique de la génération, c'eft un labyrinthe où la Nature travaille dans le fecret le plus impénétrable. Du lieu où elle opére à celui où nos petites lumieres nous ont conduit, il y a une diftance fi grande, & nous faifons des progrès fi lents, qu'on a tout lieu de croire que nous ne parviendrons jamais jufqu'à elle. Quelques bornées que foient nos connoiffances, nous en avons pourtant affez pour être certains que l'œuvre de la génération eft effentiellement le même dans le régne végétal & animal ,

dans tous les corps organiques. Il en
eſt à peu près comme du mouvement,
nous n'en connoiſſons pas le mécaniſme;
mais nous ſommes très-ſûrs que ce mécaniſme eſt le même dans l'homme & dans
les animaux proprement dits, même les
plus imparfaits.

ARTICLE III.

La nutrition s'opére dans les uns comme dans les autres.

NOUS ne trouverons pas moins de rapports entre les corps dont nous parlons, si nous les considérons du côté de la nutrition.

Ceux des animaux qui sont obligés d'extraire un suc nourricier d'une substance grossiere, sont pourvûs de cavités propres à contenir, séparer, transmettre, & d'humeurs propres à dissoudre ; ils ont une bouche, un estomac, des intestins des sucs digestifs.

Mais le plus important est que les parcelles nourrissantes récemment extraites, passent dans la masse des humeurs & s'assimilent. L'introduction se fait par des orifices dont tout le canal des intestins est parfemé. C'eſt donc à ces orifices que commence l'œuvre eſſentielle de la nutrition, tout ce qui a précedé n'eſt que préparation ; & ſi la nourriture de laquelle uſe aſſidûment un animal, n'a pas beſoin de cette préparation, il eſt tout ſimple que cet animal ſoit dépourvu de bouche, d'eſtomac & d'inteſtins, & que la Nature préſente nûement au ſuc nourricier l'orifice des canaux deſtinés à le charrier & le dépoſer dans la maſſe.

C'eſt préciſément ce qui arrive dans les végétaux. Leurs alimens ſont fluides, aqueux, purs & tout digérés ; la terre en eſt le réſervoir, & l'air en contient une grande quantité. Il ne reſtoit à la Nature qu'à diriger des canaux & en préſenter l'orifice à l'extérieur des feuilles, des branches & des racines.

Ces deux organiſations (celle des plantes qui n'ont ni bouche, proprement dite, ni eſtomac, ni inteſtins, & celle des animaux qui ont toutes ces parties) ſe

E iij

trouvent réunies dans certains sujets : preuve qu'elles vont au même but, & qu'au moins à cet égard il n'y a aucune différence essentielle entre les corps qui sont organisés de l'une ou de l'autre maniere. On trouve, par exemple, dans l'étoile de mer une bouche, un estomac, des intestins, & ce même individu est pourvû extérieurement de quantité de canaux qui pompent l'eau & en tirent un suc nourricier.

Au reste les transports, les filtrations, les affinemens, l'assimilation, tout ce qui concerne le dernier & le plus important degré de la nutrition, tout cela s'opére aussi bien dans la plante le plus simplement organisée, que dans l'animal le plus parfait. A cet égard l'un n'a aucune supériorité sur l'autre. Dans l'animal, la Nature part d'un peu plus loin, mais & dans l'animal & dans le végétal elle arrive au même but par le même chemin.

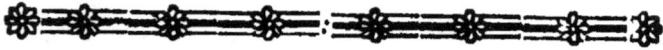

ARTICLE IV.

Il en est de même de l'accroissement.

QUEL que soit l'agent qui préside à l'accroissement , il agit ou dans l'intérieur ou à l'extérieur des corps. Dans le régne minéral, il agit extérieurement. Des matiéres s'appliquent à la surface , s'assimilent , s'identifient & les corps croissent.

Dans les êtres organisés , dans les plantes comme dans les animaux , ce même agent reçoit intérieurement les alimens , les travaille , les combine , les distribue & les fixe ; il prépare comme dans un centre & applique ensuite de toutes parts vers la circonférence.

L'espace de tems qui se trouve entre les premiers efforts du mouvement vital qui tiennent à la germination , & les derniers qui tiennent à la mort du

E iv

végétal, eft diftingué par des nuances qui répondent parfaitement aux différens âges des animaux.

Le tiffu des fibres végétales porte auffi manifeftement que le tiffu des fibres animales, l'empreinte de ces âges. La jeuneffe s'y peint avec tous fes agrémens, & la vielleffe y grave ces traits fi redoutés qui menacent d'une deftruction prochaine.

Dans l'enfance les plantes, comme les animaux, font d'une conftitution foible & délicate. Les folides n'ont aucune confiftance, les fluides furabondent, & cet âge imbécile eft fans vertu.

La vieilleffe ramene à une imbécillité d'un autre genre & par des voies tout oppofées. Les folides prennent trop de confiftence, les fluides manquent, les petits vaiffeaux fe bouchent; la correfpondance, l'harmonie fe détruit peu à peu & enfin s'éteint entiérement. Ainfi l'action vitale qui tend fans ceffe à fortifier les parties, porte à la longue leur denfité à un excès mortel ; & dans les végétaux auffi bien que dans les animaux, la mort eft un effet néceffaire de la vie.

Dans l'âge qui tient le milieu entre ces deux extrêmes, s'opére ce que la Nature doit au bien être de l'individu, ce que l'individu doit aux vûes de la Nature. L'individu reçoit de la Nature la mefure de force & de vertu dont il eft fufceptible. La Nature reçoit de l'individu les germes ; objet invariable de fes foins & de fes travaux affidus.

La mort ne laiffe pas toujours aux êtres organiques le tems de parcourir ces différens âges. Elle les attend au bout de la carriere, mais quelquefois elle les arrête dans leur courfe ; & les accidens qui emportent les hommes & les animaux avant le tems, font encore communs aux plantes. Les playes, les ulceres, la gangrene, les écoulemens

contre nature , & fur-tout les tranfpira-
tions trop ou trop peu abondantes , accidens communs aux animaux & aux
plantes ; accidens d'où procédent les
langueurs , les maladies , la mort.

❊❊❊❊❊❊❊❊❊❊❊❊❊❊❊❊❊❊❊❊❊❊

ARTICLE V.

Il n'y a qu'une forte de mouvement essentiel à l'animalité, & les végétaux en sont pourvûs.

JE remarque, à l'égard des productions dont il est question, trois sortes de mouvemens principaux, un intime, un local, un partial. J'appelle mouvement intime celui qui se passe intérieurement dans la formation, l'accroissement & la vie des corps organiques ; local ou progressif, celui par le moyen duquel certains animaux, comme les quadrupédes, peuvent se transporter d'un lieu à un autre ; partial celui par lequel un individu peut mettre en action une ou plusieurs de ses parties.

Le premier est essentiel à l'animalité & les végétaux en sont pourvûs. Les au-

tres font des perfections accordées à certains animaux & refufées à d'autres.
L'huitre, par exemple, qui n'a point de
mouvement local fpontané, en a un partial ; elle ne change point de place, mais
elle peut ouvrir & fermer felon le befoin,
les écailles dont elle eft couverte ; &
comme l'huitre n'en eft pas moins animal, quoiqu'elle manque du mouvement progreffif ; d'autres êtres organiques n'en font pas moins animaux, quoiqu'ils manquent & du mouvement progreffif, & du mouvement partial. C'eft
l'état où fe trouvent les plantes.

J'examinois un jour fur le bord de la
mer une pièce de roche, couverte de
quelques pouces d'eau. Sa furface étoit
prefque entierement occupée par ces
petits coquillages dont on fait une efpèce de *Lepas*, de glan de mer. Quelques
mouffes marines fort petites, croiffoient
aux environs. Ce *Lepas* a une coquille
de trois pièces : la plus grande, forme

une forte de cône tronqué dont la bafe
eft fixée fur le rocher ; c'eft la demeure
du petit animal. Les deux autres forment
au haut du cône un couvercle ou plutôt
une porte à deux batans : j'obfervai leur
ftructure & leur jeu, c'eft peut-être une
chofe unique , mais ce n'eft pas ici le
moment d'en parler. Quand le *Lepas*
veut prendre fa nourriture , il ouvre fa
porte & déploye dans l'eau je ne fçai
combien de filamens avec lequel il ac-
croche l'aliment, ou plutôt pompe les
parcelles nourriffantes qui fe trouvent
dans l'Elément qui l'environne. Ce fpectacle me fit faire une réflexion ; je difois,
fi ce petit animal étoit conftitué d'une
maniere à pouvoir toujours demeurer
épanoui dans l'eau & à en tirer affidue-
ment fa nourriture , il n'auroit befoin ni
de coquille pour fe mettre à couvert, ni
de mufcles pour fe mouvoir, la Providence ne l'en auroit point pourvû & il
n'en feroit pas moins un être organique

fenfible , un animal : car ce n'eſt pas la coquille qui conſtitue ſon animalité , & il y a bien d'autres parties ſenſibles que les muſcles. Mais que ſeroit-ce qu'un *Lepas* dans cet état ? Une mouſſe ſenſible & animée, ſans mouvement ni local, ni partial , ſans mouvement ſpontané. Ainſi ce *Lepas* que j'ai ſous les yeux pourroit bien être une mouſſe délicatement organiſée , à qui il a fallu une coquille pour la mettre de tems en tems à couvert , & cette mouſſe que je vois à côté de lui , pourroit bien être un *Lepas* d'une organiſation robuſte , qui ſe paſſe de coquille. Tout cela dans le fond ne ſeroit-il point la même choſe ?

J'ai regardé le mouvement local ou partial , comme une perfection accordée à certains êtres organiques & refuſée à d'autres ; peut-être ai-je eu tort. En effet, l'un & l'autre mouvement pourroit bien procéder d'une attention de la Nature à pourvoir à certains beſoins , & pour lors leur préfence prouveroit plutôt des befoins multipliés que des perfections accordées par des raifons de préférence qu'on n'entend point.

Les quadrupedes, les oifeaux, les poiffons font dans la néceffité de fe répandre de côté & d'autre, leur nourriture eft éparfe, il faut qu'ils aillent en quête, il faut qu'ils ayent un mouvement local.

Beaucoup de coquillages trouvent dans l'eau de la mer, une nourriture abondante, ils n'ont pas befoin de fe déplacer, ils font environnés du fuc qui les nourrit ; auffi font-ils dépourvûs du mouvement local. Mais il faut qu'ils ouvrent leur habitation à ce fuc, & qu'enfuite ils fe tiennent clos pour en tirer parti, & en conféquence de ce befoin ils ont été pourvûs du mouvement partial.

Il eft des corps organiques qui, comme ces coquillages, ont l'avantage de trouver dans l'eau & les fluides qui les

environnent , une nourriture fuffifante,
mais qui de plus ont celui d'être toujours
prêts à s'en faifir. Ceux-ci n'ont befoin
ni du mouvement local , ni du mouvement partial , & les végétaux font dans
ce cas. Cela prouve-t-il qu'ils manquent
de certaines perfections? Cela ne prou-
vet - il point qu'ils n'ont pas certains
befoins ?

ARTICLE

ARTICLE VI.

Que le mouvement progreßif se remarque außi bien dans certains corps brutes, que dans certains animaux.

RAPPELLONS-NCUS ces mouvemens violens que nous voyons s'établir si souvent dans les mélanges chymiques & qu'on appelle effervescences ; ils vont jusqu'au tumulte. Des corpuscules actifs se heurtent avec tant d'âpreté qu'il en résulte une chaleur considérable, & quelquefois l'inflammation.

Veut-on dans les corps brutes des mouvemens moins tumultueux, des unions plus tranquilles, une action plus mesurée ? Les Chymistes nous en donneront encore un exemple dans les cristallisations. Des sels diffous dans l'eau & que la chaleur culbute en tout sens,

E

fe meuvent lentement & avec ordre dès que la chaleur a difparu. Ils s'appro-chent, fe joignent, s'arrangent, & for-ment au fond des vafes, des pyramides, des cubes, des prifmes, des folides fy-métriques de tout genre & de la plus grande régularité. Le Spectateur eft frap-pé d'étonnement à la vûe de ces groupes de criftaux; le Phyficien cherche envain dans les loix du mouvement la mécani-que de leur formation, & la doctrine des rapports n'en inftruit pas mieux le Chy-mifte.

Mais pourquoi nous renfermer dans un laboratoire & arrêter nos yeux fur quelques vafes chymiques? Portons nos regards fur la furface du globe & con-templons toute la Nature. Dans l'état actuel des chofes les élémens, les prin-cipes fecondaires, les mixtes, prefque tout eft réuni, preffé, gêné, & l'Uni-vers feroit dans un engourdiffement gé-néral, fi ce n'eft qu'il eft encore de petits efpaces où l'action des corpufcules continue d'avoir lieu. Ces efpaces font diffeminés dans l'intérieur du globe & à fa furface, dans l'atmofphere de l'air & peut-être au-delà, dans l'intimité des minéraux, des végétaux, des animaux. Là comme dans les vafes chymiques dont nous venons de parler, la nature opére fans ceffe des mélanges & des féparations, des affemblages & des défunions, des deftructions & des générations, là tout fe fait & fe défait. Nos yeux trop foibles ne peuvent appercecevoir, notre imagination trop bornée ne peut nous repréfenter ces délais immenfes ; mais leur réfultat nous frappe d'admiration, c'eft le magnifique fpectacle de la Nature.

Ces confidérations ont porté plufieurs Philofophes à reconnoître trois fortes de mouvemens dans les corps brutes. Le premier furvient quand un corps céde à l'impulfion d'un autre ; le feçond procé-

de de la loi générale de la gravitation ;
le troisiéme (celui dont nous venons de
parler) eſt le mouvement propre des
corpuſcules. En vertu de ce dernier, une
parcelle ſe meut par elle-même, avance,
recule & change de direction ſuivant les
circonſtances.

Voilà donc un mouvement local pro-
greſſif dans des parcelles brutes, auſſi
bien que dans les animaux. Nous ne di-
rons pourtant pas que ces parcelles
ſoient animées, quoiqu'elles ſoient pourvûes de la faculté de ſe mouvoir. Avoir
cette faculté ne ſuffit donc pas pour être
mis au rang des animaux ; ſuffiroit-il de
ne l'avoir pas pour en être exclus ?

ARTICLE VII.

Outre le mouvement essentiel à l'animalité, quelques végétaux en ont encore un d'un autre genre.

QUAND j'ai dit que les plantes sont dépourvûes du mouvement spontané, cela ne doit s'entendre que du plus grand nombre ; quelques-uns font exception & ont un mouvement partial. Et comme le mouvement progressif des animaux n'est en effet qu'un mouvement partial à l'occasion duquel le corps organique passe d'un lieu à un autre, il est manifeste que l'un & l'autre est purement accidentel, que le corps organique qui en est pourvû, n'en est pas pour cela plus animal, & que celui qui en est dépourvû ne l'est pas moins.

Tout le monde connoît cette plante qui prend son nom de sa sensibilité.

Quand on en approche la main, elle s'inquiété, elle s'agite, elle fuit l'attouchement. Il en eſt d'autres qui paroiſſant inſenſibles par-tout ailleurs, donnent par leurs agitations des marques de ſenſation, quand on porte le doigt ſur leurs fleurs.

Cette plante ſinguliere qui ne ſemble s'élever au-deſſus des autres que pour ſe mettre plus à portée de jouir de l'aſpect du ſoleil, le tourneſol ne ſuit-il pas exactement le cours de cet aſtre, ne fait-il pas des évolutions ſur ſa tige ? Le ſoir vous voyez ſa fleur tournée à l'Occident, le lendemain dès l'aurore vous la trouvez ouverte du côté de l'Orient ; elle eſt prête à recommencer ſa carrière, elle attend le ſoleil. Ainſi ſe meut le tourneſol, ainſi il ſe raſſaſie des rayons qui l'échauffent & le vivifient, juſqu'à ce que la vieilleſſe qui endurcit les organes des végétaux comme ceux des animaux & qui engourdit tout, vienne arrêter la liberté de ſes mouvemens.

Mais quoi , ne voyons-nous pas la plûpart des plantes s'ouvrir à la chaleur du jour , & se fermer dès que les premieres fraîcheurs de la nuit se font sentir. Pourquoi ce mouvement ne seroit-il pas de la même nature que celui que nous remarquons dans tant d'animaux ? Vous voyez ce coquillage , cette huitre s'ouvrir dès que la marée approche , & se fermer dès que l'eau l'abandonne , & vous dites , l'huitre sent la marée qui monte & elle s'ouvre ; elle sent ensuite la marée qui baisse & elle se ferme. Je vois de mon côté un rosier étaler ses fleurs le matin & les replier sur le soir , & je dis , ce rosier sent la douceur des premiers rayons du soleil & il s'épanouit ; le soir il est saisi des premieres pointes du serein & il se ferme. Qu'on écarte tout préjugé & qu'on nous juge.

On ne voit point de muscles , dira-t-on, on ne voit point de nerfs dans les plantes , par conséquent point de mouvement du genre de celui des animaux. C'eſt conclure un peu précipitamment. Puiſque certaines parties des végétaux ſe contractent dans un tems & ſe relâchent dans un autre, il y a néceſſairement dans ces parties des fibres qui tantôt s'allongent & tantôt ſe racourciſſent ; il y a une humeur de quelque nature qu'elle ſoit, qui tantôt s'inſinu dans ces fibres & les diſtend, tantôt en ſort & les laiſſe dans le relâchement ; il y a des tuyaux qui charient cette ¹. ..eur, & enfin des filtres qui la ſéparent de la maſſe des fluides. On le voit aſſez, ces fibres ſont les muſcles des végétaux, cette humeur eſt leur eſprit animal, ces tuyaux ſont leurs nerfs, ces filtres ſont leur cerveau. Qu'importe que les muſcles de la jambe forment des eſpèces de fuſeaux, & ceux de l'eſtomac un ſac membraneux ? Ce ſont toujours des muſcles. Qu'importe que les fibres mobiles des plantes ſe réuniſſent en paquets

quets ou s'arrangent autrement, ce ne
font pas moins des fibres mobiles, des
fibres musculaires; il en est de même du
cerveau. Que les filtres dont nous venons de parler, soient réunis & fassent
corps comme dans les animaux, ou
soient solitaires & disseminés, comme il
arrive peut-être dans les plantes, ce
font toujours des tamis qui séparent une
liqueur d'où dépend le mouvement, ce
font toujours des cerveaux. Qu'est-ce
que le cerveau & où est-il dans l'huitre,
dans la plûpart des polypes, dans les
zoophites?

Observez que dans cette suite de rai-
sonnemens je ne m'écarte point du systême reçu sur le mouvement musculaire;
non pas qu'à beaucoup près je le regarde comme très-solidement établi, mais
quand on veut se faire entendre quelque
part, il faut bien parler la langue du
pays.

G

****

ARTICLE VIII.

Que les végétaux pourroient bien être
doués du sens du toucher.

LEs productions terreftres furpaffent
en nombre les productions marines, mais celles-ci furpaffent de beaucoup les autres en fingularité. C'eft fous
les eaux qu'on voit la matiére organique fe revêtir de toutes fortes de formes, & fi avec un célébre Anglois nous
prenons le Protée de la fable pour le
fymbole de cette matiére ; ce n'a pas
été fans raifon que les anciens le difoient
fils de l'Océan & le faifoient préfider
aux troupeaux de Neptune. C'eft ici
que la Nature a placé entre les plantes
& les animaux des familles intermédiai-
res qui lient l'un & l'autre régne par
des nuances fi imperceptibles, que pour
peu qu'on y réfléchiffe, on fe fent en-

traîné à croire qu'il n'y a de différence
entre ces prétendus régnes, que du plus
au moins, & que les végétaux font des
animaux du dernier ordre, ou les animaux des végétaux du premier.

Le fentiment caractérife l'animalité
de la maniere la plus diftincte, & ce
caractére, la nature en a pourvû les productions de la mer d'une maniere fi va-
riée, que quelquefois on eft tenté de ne
le pas croire où on l'apperçoit, & d'au-
trefois de le croire où l'on ne l'apperçoit
pas. Le poiffon eft un animal auquel la
Nature en accorde plus qu'à l'huitre;
l'huitre eft un animal auquel la Nature
en accorde plus qu'à la plante, & la plante
eft fans doute auffi un animal auquel il
en a été accordé moins qu'à tout autre.

Les baleines, les dauphins, les mar-
fouins, tous les cetacés jouiffent de la
vûe, de l'ouïe, de l'odorat, du goût,
du toucher. L'ouïe manque (au moins
plufieurs Phyficiens le foupçonnent) aux

autres poiſſons: L'ouïe, la vûe, ſans
doute l'odorat, manquent aux zoophites & à la plus grande partie des teſtacés.
La vûe, l'ouïe, l'odorat & peut-être le
goût manquent aux plantes, mais qui
m'aſſurera qu'elles ſont auſſi dépourvûes
du toucher ?

L'éponge ſe reſſerre & fuit l'attouchement ; donc elle eſt ſenſible au tact.
Beaucoup de productions marines vivent, croiſſent multiplient comme les
éponges, & à la vûe on les confond ;
donc elles ſont ſenſibles comme elles. Il
eſt vrai que ces productions ne ſont
point d'effort pour ſe ſouſtraire à l'attouchement ; mais autre choſe eſt de ſentir,
autre choſe eſt de ſe mouvoir.

Les orties marines, je veux parler de
celles qu'on appelle anemones à cauſe
de leur forme & de leurs couleurs écla-
tantes, ſe replient & ſe concentrent
quand on les touche. Elles ont pluſieurs
variétés & j'en ai obſervé quelques-unes

tout auffi épanouies, tout auffi bril-
lantes, tout auffi anemones que les
autres, qui ne fe replioient point, qui ne
fe concentroient point, qui ne fuyoient
point l'attouchement. En étoient-elles
moins fenfibles ?

Ne diftinguerons-nous jamais le fentiment, de la faculté d'en donner des
marques, de la faculté de fe mouvoir ?
Sur quel fondement croirions-nous que
la Nature ne donne jamais l'un fans l'autre & que tout ce qui eft fenfible doit fe
remuer étant touché ?

Nous aurions tort d'admettre le fentiment par-tout où nous trouverons du
mouvement, & nous n'aurions pas plus
raifon de ne l'admettre que là où un figne
femble le déceler. Les Médecins vous
montreront des membres frappés de pa-
ralyfie, dont les uns ont du mouvement & point de fentiment, & les autres
du fentiment & point de mouvement.
L'un peut donc exifter fans l'autre. Je

laiſſe la cauſe peu recevable à laquelle ils attribuent ces phenomènes. Quelle qu'elle ſoit imaginons que cette cauſe accidentelle & tranſitoire dans les animaux paralytiques eſt naturelle & permanente dans les plantes, & y établit une paralyſie de la ſeconde eſpèce ; les voilà qui ſentent & ne peuvent ſe mouvoir.

Ne point s'ébranler dans le moment où l'on eſt affecté, n'eſt donc point à beaucoup près une preuve ſûre d'inſenſibilité. D'un autre côté la naiſſance, l'accroiſſement, la conformation, ſont eſſentiellement les mêmes dans nos orties immobiles & dans nos orties mouvantes, dans les fauſſes éponges & dans les vraies, tout parle donc pour leur ſenſibilité & rien ne la contredit.

Si ces ſortes de corps, ces eſpèces de végétaux ſont ſenſibles au tact, je ne vois plus pourquoi on ne croiroit pas la même choſe des autres plantes marines. Les raiſons d'analogie ſubſiſtent tou-

jours ; des prolongemens , des ramifica-
tions plus ou moins déliées , une étendue plus ou moins grande, une confiftence un peu plus ou un peu moins folide ,
purs accidens qui n'empêchent point la
reſſemblance eſſentielle.

Mais pourquoi refuferions-nous aux
plantes terreſtres , ce que nous accorde-
rions aux plantes marines ? Si elles ont
le ſens du toucher , ce n'eſt pas parce
qu'elles ſont marines , mais parce qu'elles ſont organiſées de maniere à en être
pourvûes, parce qu'elles ſont plantes &
elles ne le ſont pas plus que les autres.
Leur organiſation peut bien varier à
quelques égards , relativement aux beſoins , mais elle ne ſçauroit être eſſentiellement différente , & c'eſt là qu'il en
faut toujours revenir. Les plantes marines n'ont point de racines, par exemple,
qu'en feroient-elles ? L'élément qui les
nourrit les environne & elles le reçoivent
par mille bouches ouvertes ſur toute la

G iv

furface de leurs rameaux. Ce que l'air contient d'eau ne fuffit pas aux plantes terreftres , il faut qu'elles en aillent cher- cher d'autre dans l'intérieur de la terre , il faut qu'elles ayent des racines. Voilà une variété relative à un befoin , il en eft de même de quelques autres , tout le refte fe reffemble , & ce refte eft l'effen- tiel.

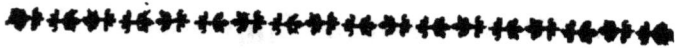

ARTICLE IX.

Que peut-être les plantes font fufceptibles du fentiment de la foif.

IL paroît que la faim procede de l'action du fuc digeftif fur les parois de l'eftomac. Dans le tems que l'eftomac eft vuide, cette humeur active n'ayant plus furquoi s'exercer, inquiéte ce vifcere & nous caufe cette follicitude, ce défir de manger que nous appellons faim.

La foif a une origine plus obfcure. Son fiege femble être dans les membranes que les liqueurs que nous buvons arrofent depuis la bouche jufqu'à l'eftomac. Quand la furface de ces membranes fe deffeche, leurs fibres prennent trop de reffort, & la moindre impreffion, même celle qu'occafionne le fang qui circule dans ces parties, caufe une fenfation inquiétante que nous nommons foif.

Les animaux , comme nous l'avons déja dit , font pourvûs d'un eſtomac & d'un ſuc digeſtif, parce que leurs alimens font groſſiers & ne peuvent donner au-cune nourriture-ſans être broyés & diſ-ſous. Les plantes dont l'aliment eſt flui-de & tout digéré , n'ont ni l'un ni l'au-tre. Elles ne peuvent donc avoir le ſen-timent de la faim , elles n'en ont pas l'organe.

Il n'en eſt pas de même de la foif ; les canaux qui dans les végétaux abſor-bent & tranſmettent le fluide aqueux qui les nourrit , font manifeſtement ſuſ-ceptibles de ſéchereſſe. Les végétaux ont donc l'organe de la foif ; pourquoi n'en auroient-ils pas le ſentiment ? Car il ne faut pas s'imaginer qu'il foit néceſ-ſaire d'être pourvû d'une bouche , d'un goſier , d'un œſophage , tels qu'ils ſe trouvent dans nous pour avoir foif.

Tout cela réduit à fa vraie effence n'eſt qu'un canal qui tranſmet des alimens ; & les plantes ont des milliers de ſemblables canaux. Le Philoſophe dépouille les objets de tout leur extérieur & les juge ſur ce qu'ils ſont en eux-mêmes ; la forme ne ſçauroit lui en impoſer.

Au reſte , ſi l'on m'objecte qu'il ne peut y avoir de ſenſation ſans fibres nerveuſes , je l'accorderai volontiers , quoique que j'aye bien des raiſons de douter de cette maxime , peut-être trop générale. Si l'on me demande enſuite ſi les végétaux ont des nerfs , je répondrai que je me ſuis déja expliqué ſur cet objet ; que les plantes ont des tuyaux en quelque ſorte nerveux ; que même dans pluſieurs d'entre-elles ces tuyaux charient un eſprit animal capable de fournir au mouvement. Si l'on continue & qu'on exige de moi que j'en affigne l'origine & l'inſertion ; je dirai qu'on exige trop ; qu'à peine l'anatomie la plus déliée suit dans les animaux les paquets de nerfs ; que les derniers filamens échappent à la vûe la plus perçante ; que peut-être les nerfs des végétaux se diftribuent de tous côtés par filamens, fans s'affembler nulle part par faifceaux.

Mais felon l'Hypocrate moderne & prefque tous les Médecins de nos jours, les extrêmités des nerfs ne forment-elles pas les membranes, les vifceres, les mufcles, le corps entier ; tout n'eft-il pas nerf dans les animaux ? En ce cas tout eft pareillement nerf dans les plantes. Car encore une fois, ôtez la forme de part & d'autre, le fond reftera toujours le même.

****

ARTICLE X.

Qu'il est une sorte de sens qu'on ne peut guères refuser aux végétaux.

PEu de gens connoissent toutes les sources des sensations, & les Physiologistes même ne paroissent pas avoir assez approfondi cette matiére. En général je pense que nous sommes pourvûs de deux sortes de sens. Les uns relatifs aux objets extérieurs, nous avertissent de leur présence, de leurs formes, de leurs qualités ; tel est le sens de la vûe, celui du toucher, celui de l'odorat. Les autres relatifs à nous-même, nous avertissent de l'état où se trouve notre machine ; telle est la soif, telle est la faim.

Parmi ces derniers j'en apperçois un dont je me fais une idée assez claire ; mais auquel je ne sçais trop quel nom donner. Il réfulte de la totalité du corps, de l'état actuel de l'équilibre & de la correfpondance univerfelle. Il donne ce fentiment de bien être que nous éprouvons dans la fanté & auquel nous fommes fi fenfibles dans la convalefcence ; cette fourde inquiétude qui accompagne l'indifpofition, & ce trouble douloureux & machinal où jette la maladie ; nous l'appellerons fi on veut le fens harmonique. Il ne reffemble certainement point à la vûe, ni au toucher, ni à la foif, ni à aucun autre ; c'eft un fens à part & fon organe eft toute la machine.

Par-tout où je trouve un organe bien conditionné, je n'en puis nier les fonctions ; ainfi par-tout où je trouverai une machine organique vivante, je ne puis lui refufer le fens organique ; & cette machine vivifiée, je la trouve dans les animaux, dans les zoophites, dans les plantes.

Les végétaux ne voyent point, n'entendent point, parce qu'ils n'ont aucunes parties organiſées, de maniere qu'il en puiſſe réſulter la ſenſation de la vûe, de l'ouïe. Mais un individu animal & un individu végétal ſont tellement conformés qu'à l'occaſion de certains accidens, par exemple, d'une tranſpiration trop ou trop peu abondante, toute leur œconomie peut être troublée. Et puiſqu'en conſéquence de ce trouble il ſurvient une ſenſation dans l'un, on ne voit point pourquoi il n'en ſurviendroit pas une pareille dans l'autre.

Que le trouble qui alors ſurvient dans les végétaux ſoit conſidérable, on n'en doutera pas ſi l'on fait attention qu'il les conduit quelquefois juſqu'à la mort.

Voyez cette plante délicate que la chaleur du Soleil réduit à l'extrêmité : ſes ſucs ſe ſont épuiſés, ſes fibres ſe ſont racornies, ſon organiſation ſe détruit ;

elle languit & meurt ; elle souffre , n'en doutez pas , elle s'attriste & s'attriste jusqu'à la mort.

Voyez au contraire cette autre plante robuste que la même chaleur vivifie , ses feuilles & ses rameaux bien nourris se soutiennent avec force , ses fleurs s'épanouissent & répandent leur parfum , la fructification s'opére : n'en doutons point encore , cette plante sent son bien être & jouit en ce moment de toute la mesure de bonheur que la Providence lui a réservée.

Ne demandons point aux végétaux d'autres signes de plaisir ou de peine ; leurs organes capables de douleur ne sont point propres à faire entendre aucuns gémissemens ; tout se passe en eux dans le silence le plus profond. L'oreille ne peut juger , mais le coup d'œil décide. Cette huitre entr'ouverte qui expire , souffre , vous en êtes bien convaincu , cependant elle n'a point d'organe vocal , elle ne gémit point. Voyons

Voyons donc les végétaux comme des êtres senfibles , & regardons ceux d'entre eux qui nous environnent , comme nos contemporains & nos compatriotes : la Nature animée de toute part, n'en deviendra que plus intéressante.

H

ARTICLE XI.

*Que quand on y regarde de près, on ne
sçait plus où borner les sensations des
végétaux.*

LEs plantes n'ont peut-être point
d'autres sens que ceux dont nous
venons de parler. Il ne seroit pourtant
pas de la prudence d'un Philosophe de
décider cette question & de marquer des
bornes si étroites à la mesure de sentiment dont-il a plû au Créateur de les
rendre susceptibles. Pour être sûr qu'il
ne se trouve dans elles aucune autre
voie de sensation, il faudroit sçavoir
où se bornent les ressources de la nature;
& qui le sçaura jamais?

Les orifices qui pompent le suc nourricier, sont à peu près aux végétaux ce
que la bouche est aux animaux ;pour-

quoi le fens du goût qui réfide dans la bouche, ne réfideroit-il pas auffi dans ces orifices ?

D'un autre côté, comme les animaux, les plantes font environnées de corps vifibles, fonores & odoriférens, & fi elles n'ont pas comme eux les organes de la vûe, de l'ouïe & de l'odorat, qui nous a dit qu'elles n'en ont pas d'autres fur lefquels la lumiere, l'air, les odeurs puiffent faire des impreffions telles qu'elles foient ? Je fçais qu'on ne peut voir fans yeux, mais je ne fçai fi la vûe eft la feule fenfation que puiffe exciter la lumiere ; je ne fçais s'il n'eft point dans la Nature quelque organe autre que l'œil fur lequel la lumiere puiffe agir. Si cela étoit les plantes pourroient appercevoir les objets auffi-bien que nous, mais d'une maniere différente ; elles pourroient jouir du fpectacle de la Nature, mais ce fpectacle feroit pour elles out autre qu'il n'eft pour nous, & tel

H ij

que nous ne pouvons nous en former aucune idée.

Mais quand bien même les végétaux privés de tout autre genre de sensation, seroient réduits au sens harmonique ; ç'en est encore assez pour les mettre de niveau avec les animaux. Examinons les suites de ce sens & suivons ses influences.

Dans une plante l'action des fluides, la réaction des solides, la marche intime de la machine, en un mot, l'harmonie doit varier très-fréquemment. Elle n'est point la même quand il pleut & que les vaisseaux se remplissent d'une nourriture abondante, ou quand il régne une longue sécheresse & que les vaisseaux s'épuisent, quand une gelée engourdit tout & quand une douce chaleur met tout en mouvement, quand une parfaite correspondance se trouve entre tous les ressorts & quand il y survient du désordre. Halès, cet homme qui a vû les choses de si près, nous a démontré par les expériences les plus décisives, que cette marche, cette harmonie, étoit tout autre quand un nuage prive la plante des rayons du Soleil & quand elle en est éclairée, dans l'été & dans l'hyver, à la lumiere du jour & dans l'ombre de la nuit, &c. Mais la sensation attachée à cette harmonie doit varier comme elle; la plante doit donc distinguer la santé de la maladie, les tems de pluye des tems de sécheresse, le froid du chaud, l'été de l'hiver, le printems de l'automne, un tems couvert & orageux d'un ciel pur & serein, le jour de la nuit, & je ne sçai combien de choses de cette nature.

N'eût-il que ces sortes de sensations, le végétal doit par leur moyen avoir une idée de ce qui lui est utile, contraire, indifférent. Mais cette connoissance peut elle exister sans être suivie de désirs, d'aversions, de craintes, &c. Les plantes ne seroient-elles point en effet fufceptibles des mêmes paffions que les animaux ? Comme eux fenfibles à la fan= té, à la maladie, à tout ce qui fe paffe en elles ; comme eux aufli ne rempli= roient-ils point une carrière marquée de joies & d'ennuis & qui fe termine par la mort ?

ARTICLE XII.

Eclaircissemens sur ce qu'on vient d'avancer.

L'EMPRESSEMENT avec lequel nous avons essayé de constater dans les végétaux la facul é de sentir, nous a peut-être emportés un peu trop loin. Nous avons avancé que la plante peut non-seulement recevoir beaucoup d'idées, mais encore les distinguer les unes des autres. Cela suppose qu'elles ont de la mémoire. Pour distinguer du jour, la nuit où l'on est enveloppé, il faut avoir joui du jour & s'en souvenir.

Nous voyons bien dans les végétaux des organes qui peuvent leur donner une certaine mesure de sentiment & d'idées, mais nous ne voyons point où les vestiges de ces sentimens & de ces idées peuvent se conserver. Nous voyons bien où la plante peut recevoir, mais nous ne voyons point où elle peut mettre en réferve.

Je me rappelle ces filtres que nous avons regardé comme les petits cerveaux des plantes; je conçois que les impreffions peuvent aller jufques-là & y laiffer des traces, mais je conçois auffi que ces organes pourroient bien n'être que de fimples filieres incapables de cette fonction. En un mot, autant qu'il eft vraifemblable que les plantes ont du fentiment, autant il eft douteux qu'elles ayent de la mémoire.

Si nous fuppofons qu'elles fentent & ne fe fouviennent point, cela leur donne dans l'ordre des chofes un rang particulier & qui mérite notre attention. Je trouve d'abord une gradation marquée entre les facultés des êtres organiques ; les plantes n'ont que du fentiment, les animaux proprement dits ont du fentiment & de la mémoire, les hommes ont du du fentiment, de la mémoire & de la raifon.

L'imagination ne peut exifter fans mémoire, en fuppofant les plantes dépourvûes de celle-ci, il faut auffi les fuppofer dépourvûes de celle-là.

En vertu de la mémoire on eft encore en quelque forte ce qu'on a été. Se rappeller un chagrin, par exemple, c'eft fe remettre dans la fituation où l'on étoit dans le tems qu'on le reffentoit, c'eft encore le reffentir. En vertu de l'imagination on eft déja ce qu'on imagine devoir être un jour; nous goûtons le plaifir dès le moment où nous le voyons dans l'avenir, & nous le goûtons au point que dans la fuite la réalité ajoûte peu à notre bonheur : il n'y a que les joyes imprévûes qui foient capables d'affecter puiffamment. Ainfi nous jouiffons du paffé, du préfent & de l'avenir. Les plantes ne peuvent jouir ni du paffé, parce qu'elles n'ont pas de mémoire, ni

I

de l'avenir , parce qu'elles n'ont pas d'imagination ; mais elles ont de la fenfibilité , & elles jouiffent pleinement du préfent.

En ce cas la plante eft toùjours occupée de fa fenfation actuelle , de fon plaifir ou de fa douleur préfente , & je ne fçai fi en cela un être fenfible perd plus qu'il ne gagne. Il eft vrai que dans la douleur il ne peut imaginer que le plaifir puiffe fuccéder , rien ne la tempére ; mais dans le plaifir il ne peut imaginer que la douleur puiffe furvenir , rien ne le trouble. Combien de gens dont la félicité eft traverféé , parce que leurs regards fe portent en arriere ou en avant, & ne peuvent fe concentrer.

✳✳✳✳✳:✳✳✳:✳✳✳✳:✳✳✳✳

ARTICLE XIII.

Développemens sur ce qui constitue l'animalité.

PEUT-ETRE y a-t-il dans les animaux certaine partie essentielle à l'animalité. Toutes les autres en ce cas ne seroient que des piéces ajoûtées pour quelques besoins, ou des instrumens relatifs à quelque fonction. Les os, par exemple, ne seroient que pour soûtenir, les membranes pour enveloper, les muscles pour mouvoir, rien de tout cela ne constitueroit l'animalité & le bras n'apartiendroit guère plus à la partie purement animale de l'homme, que le levier, dont on s'aide pour soulever une masse, n'appartient au bras.

Je ne m'explique peut-être pas assez clairement. Si ma constitution n'exi-

I ij

geoit point un organe propre à fouetter le fang ou à le rafraîchir, ou à y tranf-mettre des parcelles aëriennes, je pour-rois me paffer de poumons & de poitri-ne. Si l'air pouvoit inférer par les pores de ma peau une affez grande quantité de corpufcules nourriffans ; quel befoin aurois-je de bouche, d'eftomac, d'in-teftins, de tous les vicéres du bas ven-tre & du fac qui les contient ? Si le mou-vement ne m'étoit pas utile & que je duffe m'abftenir d'aller d'un lieu à un autre, je n'aurois pas plus befoin de jambes, de bras, de mufcles. S'il m'é-toit indifférent de jouir de la lumiere ou d'être aveugle, je n'aurois encore nul befoin de l'organe de la vûe. Enfin fi après m'être dépouillé de toutes les parties qui me fervent ou dont je me fers, il me reftoit encore quelque chofe, cette chofe feroit dans moi la partie effentielle à l'animalité.

Dans cette hypotèfe, pour nier avec

fondement que les plantes foient des animaux, il faudroit s'affurer que cette partie effentielle ne fe trouve point en elles. Toute la phyfique, toute la doctrine des analogies annonce qu'elle doit s'y trouver ; & fi l'on ne fe rend pas à ces raifons, on devroit au moins en attendre de plus fortes pour prendre le parti contraire.

Mais cette hypotèfe pourroit bien n'être qu'une chimere. Il n'y a peut-être dans les animaux aucune partie qui conftitue leur animalité, dont l'effence pourroit bien être attachée à la correfpondance générale de tous les refforts ou du plus grand nombre. En ce cas fi je continuois comme j'ai commencé à me dépouiller de tout ce qui dans moi opére quelque fonction & dont j'imaginerois que je pourrois me paffer, à la fin je me réduirois à rien, eu égard au corps & à l'animalité.

Dans cette derniere hypotèfe nous

I iij

aurons encore plus raifon que jamais
d'être circonfpects fur le jugement que
nous portons des plantes. Nous trouverons d'abord que toutes les efpèces d'a-
nimaux font les mêmes quant à l'effence , parce que tous les animaux font
compofés de fibres correfpondantes ,
mais qu'elles différent par la forme ,
parce que ces fibres font diféremment
arrangées fuivant les befoins & la natu-
ré des fonctions qui doivent avoir lieu.
Bientôt nous conclurons que les plantes font auffi les mêmes que les animaux
quant à l'effence , parce que comme eux
elles font compofées de fibres correfpondantes , mais qu'elles en différent par la
forme , parce que ces fibres font différemment arrangées fuivant les befoins
& les fonctions.

Un paquet de fibres entre les mains
de la nature , peut faire le corps d'un
homme ou celui d'une plante. C'eft
toujours la même chofe quant au fond ,

& qu'est-ce que différer par la forme ? Qu'importe que ces fibres faffent une partie offeufe ou une partie ligneufe, une main ou une branche, une peau ou une écorce ?

ARTICLE XIV.

Opinions des Anciens sur la nature des végétaux.

NOUS avons peu de lumiere à puiser dans les différentes opinions des Philosophes , sur la question que nous agitons. En cette occasion comme en beaucoup d'autres, il se trouve à la honte de l'esprit humain , qu'il n'est point d'idée si dépourvûe de vraisemblance qu'elle soit , que des hommes & même des hommes éclairés , n'ayent été capables d'adopter.

Plutarque dans son Traité des anciennes Opinions, ou si vous voulez, dans on Regiftre des erreurs Philosophiques, raconte que les Stoïciens refusoient même la vie aux végétaux. Des êtres qui croissent , multiplient , vieilliffent n'avoient, selon eux, aucune part à la vie, & lors même qu'on les voyoit mourir, on ne vouloit pas convenir qu'ils eussent vécu.

Tandis que d'un côté à force de raisonner sur ce qui manquoit aux plantes, on trouvoit qu'elles n'étoient pas même vivantes; d'autres à force de raisonner sur ce dont elles étoient pourvûes, trouvoient dans elles, le dirai-je, un principe d'intelligence, une ame raisonnable. Il paroît que tel a été le sentiment de quelques anciens Philosophes; & saint Augustin reproche très-amérement cette opinion aux Manichéens.

Vous voyez que d'une part on accorde tout aux plantes, & que de l'autre on leur refuse tout. La plante raisonne; la plante n'est pas même vivante; il n'y a pas moins de différence entre ces opinions, qu'entre la vie & la mort, l'esprit & la matiere, tout & rien.

Il semble que dans ces circonstances

la vérité comme la vertu , tient toujours le milieu entre les excès. Platon n'a point crû , comme les premiers , que les plantes fuſſent fans vie. Il n'a point crû , comme les ſeconds , qu'elles euſſent une ame raiſonnable. Il tient le milieu & leur donne la vie & le ſentiment. Mais un individu qui vit & ſent , eſt un animal ; & ſi nous nous trompons en préſumant que les plantes ſont de véritables ani-maux nous nous trompons avec le divin Platon.

ARTICLE XV.

De l'ame végétative.

ON connoît affez le fyftême des Péripatéticiens fur la gradation des ames. Ils en diftinguent trois fortes, une raifonnable, une fenfitive, une végétative. En vertu de la premiere, l'homme raifonne ; en vertu de la feconde, l'animal fent ; la troifiéme, dit-on, ne raifonne point, ne fent point ; elle végete feulement. Elle développe les germes, préfide à l'accroiffement des plantes & dirige le grand œuvre de la fructification.

Qu'il eft difficile de fe faire une idée de cet être fingulier à qui on accorde tant de facultés & à qui on refufe celle de fentir. Quoi ! l'ame végétative éta-

blie dans le germe qu'elle développe,
disposera d'une maniere si industrieuse
les fibres, les canaux, toutes les parties
de la plante & n'aura pas la moindre
connoissance des ressorts qu'elle arrange
avec une telle précision ? Elle remédiera
avec autant de sagesse que d'empressement, aux dérangemens qui surviennent
dans l'œconomie végétale, aux maladies des plantes & à l'occasion de ces
dérangemens, de ces maladies, elle n'aura pas éprouvé la plus legére sensation ?
Elle mettra en jeu, elle dirigera le mé-
canisme incompréhensible de la génération, & elle n'aura pas sur tout cela la
moindre lumiere, elle n'en recevra pas
la moindre impression ?

Combien n'est-il pas plus vraisem-
blable que les plantes ont ce que ces
Philosophes ne voulurent point y trouver, & n'ont point ce qu'ils y crurent
voir ? Je veux dire que les ames végé-

tatives n'ont rien moins que la faculté
de former, développer, perfectionner,
qu'on leur a donnée, & font pourvûs
du fentiment qu'on leur a refufé.

L'apparence a trompé les Péripatéticiens, & il eft aifé de voir la route qui
les a égarés. Ils remarquoient dans
l'homme une intelligence infiniment
fupérieure à tout ce qui peut y reffem-
bler dans le refte des êtres organiques
vivans, & ils reconnurent dans lui un
principe qui ne fe retrouvoit plus ailleurs, une ame raifonnable. Par cette
raifon même ils refuferent cette ame aux
animaux, mais ils les trouvoient pourvûs des organes des fens auffi-bien que
les hommes, & ils leur accorderent une
ame capable de fentiment, une ame fenfitive. Dans les plantes, ils ne retrou-
voient ni le principe intelligent, ni les
organes des fens tels que dans les hommes & les animaux, ils y apperçurent

seulement le principe de vie & tous ses
attributs ; ils leurs imaginerent donc
une ame, mais une ame inepte au sentiment, une ame purement végétale &
qui ne reſſemble à rien.

Ici eſt la ſource de l'erreur péripa-
téticienne. Ils connoiſſoient dans les
plantes des orifices deſtinés à recevoir des alimens, & ils ne conçurent point que dans les végétaux ces
bouches pouvoient être l'organe du
goût. Ils ſçavoient que la nourriture
eſt néceſſaire aux plantes comme aux
animaux, & ils ne conçurent point
que quand elles ont beſoin, elles peuvent avoir un ſentiment d'inanition qui
réponde à la faim ou à la ſoif. Au moins
s'ils avoient pénétré un peu en avant,
ils n'auroient pû s'empêcher de reconnoître dans les végétaux le ſens que
nous avons appellé harmonique, &
c'en étoit aſſez pour conſtater leur ſenſibilité.

Les Péripatéticiens jugérent d'après ce qu'ils virent ; c'est le mieux en Physique ; mais il faut bien voir & voir tout, ou ne point juger.

ARTICLE XVI.

Erreurs dans la distribution des corps naturels en trois règnes.

ON a dit, il y a dans la Nature des corps qui vivent & qui sentent, ce sont les animaux; il y en a qui vivent & ne sentent point, ce sont les végétaux; il y en a qui ne vivent ni ne sentent, ce sont les minéraux : les corps naturels se peuvent dont ranger sous trois ordres, sous trois règnes, le minéral, le végétal & l'animal.

J'ai quelques objections à faire sur cette distribution. On a pensé que les végétaux qui vivent comme les animaux, sont dépourvûs de sentiment comme les corps brutes. On vient de voir combien nous avons de raisons de penser le contraire, & en conséquence combien

combien l'idée des trois règnes est ha-
zardée.

Il s'en faut beaucoup que la distance
qui se trouve entre le règne minéral &
le végétal, se retrouve entre le végétal
& l'animal ; & c'est pourtant ce qu'il
faudroit pour que la division fût exac-
te. Cette distance est du brute à l'organique, c'est-à-dire, immense ; il ne s'en
rencontre plus de semblable entre les
corps.

Il est des corps qui considérés d'un
certain côté, paroissent brutes, & qui
considérés sous un autre point de vûe,
paroissent organiques ; les uns ont dit,
ce sont des pierres ; les autres, ce sont
des plantes, & on n'a sçu qu'en croire.
Il en est d'autres qu'au premier coup
d'œil vous prendrez pour je ne sçai
quelles plantes, & que bientôt vous se-
rez tenté de prendre pour des animaux.
Ce double inconvénient a induit beaucoup de gens en erreur ; ne sçachant où

K

place ces corps & ne trouvant point de
limites précifes entre les trois règnes,
ils ont crû que la Nature paffe de l'un
à l'autre par des nuances imperceptibles, qu'il n'y a point de divifion à chercher, que les claffes des Naturaliftes
font idéales, qu'enfin les corps naturels
forment une chaîne indivife. Idée fauffe
& qui a été le germe de tant d'erreurs
qui de nos jours innondent le monde
Philofophique.

Le premier de ces inconvéniens pro-
cède de notre infuffifance. Nous ne
connoiffons point affez intimement la
conformation de certains corps pour
fçavoir au jufte s'ils font brutes ou organiques, s'ils appartiennent aux minéraux ou aux autres règnes. Ce n'eft
pas qu'ils gardent un milieu qui ne peut
exifter ; ils appartiennent néceffairement aux uns ou aux autres ; mais dé-
terminer auxquels, c'eft un problème
que la Nature propofe & dont on n'a

point encore trouvé la solution.

Quant à l'embarras où nous sommes de placer les zoophites ou dans le règne végétal, ou dans le règne animal, il procede purement de notre faute. Nous avons voulu séparer ce qui ne peut l'être, nous avons tranché ce qu'il ne falloit diſtinguer que par une ligne; on a fait deux règnes des végétaux & des animaux, & il n'en falloit faire qu'un.

Puiſqu'on imaginoit un premier ordre pour les corps brutes, il étoit ſimple d'en imaginer un ſecond pour les corps organiques, & de ranger dans ce dernier les plantes & les animaux. Cette diſtribution ſe préſente naturellement : d'un côté il y a vie, de l'autre il n'y en a point ; là il n'y a aucun concours d'action, aucune correſpondance de parties, ici tout eſt action & correſpondance ; dans l'une de ces claſſes tout ſe reproduit par germe ; dans l'autre il n'y a aucune germination. Que dirai-je de plus , par tous les endroits où les corps organiques se reſſemblent , par tous ces mêmes endroits ils différent des corps brutes. En un mot , le règne végétal & le règne animal ont entre eux autant de rapports , que tous deux en ont peu avec le règne minéral.

Mais confondrons-nous les plantes avec les animaux ? Point du tout : ces êtres qui se reſſemblent eſſentiellement ont des différences accidentelles ; ſuivant ces différences vous les diſtribuerez par claſſes où les zoophites que vous ne ſçaviez où placer occuperont le milieu. Corps brutes , corps organiques , ſeule diviſion naturelle. Végétaux , zoophites , animaux , ſous-diviſion des corps organiques qui met chaque choſe à ſa place & leve toute difficulté.

Il n'y a point de confuſion dans les grandes limites des corps naturels, il y en a ſeulement dans l'idée qu'on s'en eſt faite.

CONCLUSION.

AVONS-NOUS tout dit ? Eft-il affez prouvé que les plantes font effentiellement de la même nature que les animaux ? Oüi fans doute. Mais avons-nous eu raifon de conclure de-là que les plantes ont du fentiment ? Les animaux en ont-ils eux-mêmes ?

Nous avons dit, à juger par tout ce que nous voyons, il y a apparence que les animaux fentent, donc les plantes ont auffi des fenfations, car leur effence eft la même. Mais fi nous difions maintenant, à parler vrai & à juger par tout ce que nous voyons, nous avons lieu de croire que les plantes n'ont point de fentiment, donc les animaux n'en ont pas non plus, car les uns & les autres font de la même nature : quel parti auroit-on à prendre ? De toutes les co-

formités que nous avons trouvées entre
les corps organiques, celui qui conclura
que les animaux ne sentent point, parce
que ce ne sont que des plantes d'une
organisation supérieure, il est vrai, mais
toujours des plantes, n'aura-t-il pas autant raison que celui qui conclut que
les plantes sentent, parce que ce sont
des animaux d'une organisation infé-
rieure, il est vrai, mais toujours des animaux ?

Ainsi de tout ce que nous avons dit
& de ce que nous ajoûtons ici, il se forme un labytinthe où je laisse le Lecteur,
& où il ne doit pas être surpris de se
trouver : car tel est le terme de toute
discussion philosophique.

Fin de la seconde Question.

TABLE
de la seconde Question.

ARTICLE I. *Les végétaux sont des corps organiques comme les animaux.* 45

ART. II. *Leur génération est la même.* 49

ART. III. *La nutrition s'opère dans les uns comme dans les autres.* 52

ART. IV. *Il en est de même de l'accroissement.* 55

ART. V. *Il n'y a qu'une sorte de mouvement essentiel à l'animalité, & les végétaux en sont pourvûs.* 59

ART. VI. *Que selon beaucoup de Philosophes le mouvement progressif se remarque aussi-bien dans certains corps brutes, que dans certains animaux.* 65

ART. VII. *Outre le mouvement essentiel à l'animalité, quelques végétaux en ont encore un d'un autre genre.* 69

ART. VIII. *Que les végétaux pourroient*

bien être doués du sens du toucher. 74

Art. IX. Que peut-être les plantes sont susceptibles du sentiment de la soif. 81

Art. X. Qu'il est une sorte de sens qu'on ne peut guéres refuser aux végétaux. 85

Art. XI. Que quand on vient à examiner les choses de près, on ne sçait plus où borner les sensations des végétaux. 90

Art. XII. Eclaircissemens sur ce qu'on vient d'avancer. 95

Art. XIII. Développemens sur ce qui constitue l'animalité. 99

Art. XIV. Opinions des anciens sur la nature des végétaux. 104

Art. XV. De l'ame végétative. 107

Art. XVI. Erreurs dans la distribution des corps naturels en trois régnes. 112

Conclusion. 119

Fin de la Table.

I

TABLE

de la premiere Question.

ARTICLE I. *TErroir de Normandie ; tempérament & naturel des Normands : que leur boisson y contribue beaucoup.* 1

ART. II. *Que l'établissement des vignobles en Normandie seroit de la plus grande utilité pour cette province, & n'auroit rien de contraire à l'Ordonnance, qui défend de les multiplier.* 6

ART. III. *Que les tentatives qu'on a faites pour avoir des vins du crû de Normandie, ont été infructueuses & ont dû l'être. 1°. Qu'il reste beaucoup de choses à essayer du côté de la culture.* 9

ART. IV. *2°. Qu'il reste beaucoup de choses à essayer pour donner au moût les qualités qui lui manquent.* 10

ART. V. *3°. Qu'il reste encore beaucoup*

TABLE

de recherches à faire par la voie des semences.   19

ART. VI. *Preuves.*   23

ART. VII. *Suite des Preuves.*   29

ART. VIII. *Que les essais qu'on propose peuvent se tenter pour beaucoup d'autres pays que la Normandie.*   35

ART. IX. *Précautions à prendre dans les recherches dont on a parlé.*   39

Fin de la Table.

DISSERTATION

SUR LES DERNIERS

TREMBLEMENS DE TERRE.

A LONDRES,

Aux Dépens de la Compagnie.

M. DCC. LVII.

DISSERTATION

SUR LES DERNIERS

TREMBLEMENS DE TERRE.

Lettre à M. le Comte de G***.

CE n'a pas été seulement par maniere de conversation, mais par l'effet d'une sérieuse conviction, Monsieur, que j'ai soutenu devant votre Ami, qu'il étoit très-possible de trouver, au sujet des derniers tremblemens de terre, quelque chose de mieux que ce que j'ai lu dans les trois brochures que vous avez eu la bonté de me communiquer : votre Ami s'en est formalisé, & m'a mis dans la nécessité de m'expliquer. Je l'ai fait en peu de mots, & me suis exposé par-là à des plaisanteries que la qualité du sujet rend sans

conféquence. Le ton ironique qu'il a
jugé à propos de prendre, ne m'a point
furpris, je m'y attendois, & ne m'a
pas empêché de foutenir ce que j'avois
avancé, & auffi férieufement que j'ai
l'honneur de vous l'écrire. L'air de
confiance avec lequel vous vous expli-
quez, m'a-t'il dit, me furprend encore
plus que la fingularité de votre fyftême : c'eft dommage que nos Acadé-
miciens qui fe font fi fort alambiqués
fur cette matiere, ne fe foient pas avi-
fé de faire l'ingénieux voyage où vous
avez fait de fi belles découvertes ! &
ce feroit affurément quelque chofe de
curieux, s'il vous prenoit quelques
jours envie d'en régaler le public !
Qu'eût-il dit, Monfieur, s'il eût fçu
que le défaut de quelques momens de
plus, qui m'étoient néceffaires pour
mettre la derniere main à une fi fin-
guliere production, ainfi qu'il lui a
plu de la qualifier, m'a empêché de
l'envoyer à une célebre Académie, en
conféquence du Prix qu'elle a propofé

au fujet de l'événement dont il s'agit !

Avec un Philofophe plus capable d'en juger, je me ferois fait un plaifir d'entrer dans un détail raifonné, dans l'efpérance de tirer quelqu'avantage de fes réflexions : mais fçachant que je n'avois à faire qu'à un Philofophe du temps, qu'à l'un de nos beaux efprits à la mode, j'ai cru devoir me borner à une fimple analyfe. Médiocrement au fait de mon fyftême, il n'eft pas étonnant qu'il l'ait défiguré auffi étrangement qu'il l'a fait, & qu'il ait répandu fur tout ce que j'ai avancé, le grotef-que vernis qui vous a peut-être donné lieu de rire à mes dépens.

Vous avez été tenté de le croire fur fa parole, je le fçais, Monfieur, & de me condamner en conféquence : mais je ne vous en fais pas un crime. J'ai trop de fujet d'être content du parti que vous avez pris de fufpendre votre jugement jufques à plus ample informé, pour me plaindre de l'efpece d'ap-probation que vous avez d'abord paru

donner à la plaifanterie. Il s'en faut
quelque chofe, Monfieur, qu'il foit
queftion d'un ouvrage monté fur le
ton de Féerie, comme il a voulu vous
le perfuader, & que mon imagination
coëffée des agréables rêveries du Comte de Gabalis, n'ait eu d'autre but que
d'égayer le public par de jolies fiétions,
ou fe foit propofé de faire le pendant
de la pluralité des mondes de M. de
Fontenelle ! Je l'ai écrit en homme qui
cherche férieufement la vérité, & qui
feroit fort flatté de l'avoir trouvée. En
invitant votre Ami à faire un voyage
fouterrein pour confidérer des yeux de
l'efprit ce qui fe paffe dans les entrailles de la terre, je ne lui ai propofé
que ce que les Philofophes font en
poffeffion de faire, & je ne vois pas
pour quelle raifon il ne me feroit pas
permis de les fuivre dans des lieux
qui, quoiqu'inacceffibles de leur nature, ne le font pas de même à en juger par les effets dont nous avons l'expérience ! Quelle ridicule incrédulité,

fi parce qu'on ne peut pénétrer dans
les cavernes fouterreines des Monts
Véfuve & Hécla, on refufoit de convenir, après avoir vu les ardentes ex-
plofions de ces terribles volcans, de
l'exiſtence de la matiere inflammable
qui en eſt le principe! On raifonne
fur le tonnerre, & on parle de fa nature, à la vérité comme les aveugles
des couleurs : mais auroit-on raifon
de traiter de vifionnaire un Philofophe
qui, s'élevant en efprit au deſſus des
nues pour confidérer ce qui s'y paſſe,
fe décideroit pour des conjectures qui
lui paroîtroient vraifemblables, parce
qu'il n'eſt pas poſſible d'aller fur les
lieux pour en mieux juger ? Et ne feroient-elles pas fuffifamment juſtifiées
ces conjectures, par l'analogie des
effets avec une caufe eſtimée capable
de les produire ?

Il en eſt de même de la caufe des
tremblemens de terre, dont les effets
connus fuffifent fans doute pour nous
guider & nous conduire juſques à la

source qui les a produit : ces effets rapportés à la cause soupçonnée, & devenus analogues avec elle, fournissent des indications pour la connoître, comme les effets qu'on ne peut concilier avec elle, nous autorisent au contraire à la regarder comme une cause étrangere. Voilà, ce me semble, Monsieur, de quoi mettre notre Philosophe un peu plus dans son tort qu'il ne vous l'a d'abord paru, & peut-être vous paroîtra-t'il plus déraisonnable encore, quand vous aurez vu par vous même les raisons sur lesquelles je me suis fondé, en avançant, comme je l'ai fait, que les différens systêmes qui sont tombés entre mes mains, laissent trop à desirer, pour qu'il soit possible de les adopter.

Celui que j'ai l'honneur de vous envoyer, vous surprendra & vous plaira peut-être par sa simplicité : vous ni trouverez ni exposition des loix du mouvement, ni calcul de lieues quarrées, ni estimation de lieux plus ou

moins fufceptibles de commotion, ni vibrations relatives à la force du levier, ni angle vifuel, ni courbes , ni tangentes. J'ai penfé qu'écrivant pour tout le monde, je devois proportionner ma diction à la portée de tous les états, à celle du fimple peuple, & furtout à celle d'un fexe qui n'étant pas dans le cas de pouvoir décemment fe piquer d'une haute philofophie, eft en droit d'exiger de ceux qui font profeffion de cette fcience , qu'ils fatis-faffent fa curiofité fur la nature d'un événement qui ne l'intéreffe pas moins que nous, & auquel il a pris au moins autant de part que qui que ce foit d'entre nous. Si je n'ai pas l'avantage de vous perfuader, Monfieur, j'aurai au moins la fatisfaction de vous avoir défabufé fur mon compte, en vous faifant connoître par le ton férieux avec lequel je vais traiter cette matiere, que votre Ami s'eft bien mépris, en vous faifant entendre que ce que j'appelle differtation Phyfique, peut

tout au plus aller de pair avec les amu-
femens Philofophiques. Au refte fi
mon opinion ne fait pas fortune, j'en
ferai bientôt confolé ; & je ne me
croirai pas plus deshonoré par l'échec
que l'Auteur du merveilleux fyftême
de la fameufe Montagne, qui a fait
entrer en danfe avec elle, & fi gratui-
tement, les Montagnes & les Rochers
de prefque toute l'Europe , & d'une
bonne partie de l'Afrique.

Les tremblemens de terre ont exer-
cé dans prefque tous les fiecles la
fagacité des Philofophes , en même
temps qu'ils ont répandu la terreur
dans l'efprit de ceux qui les ont éprouvé : mais les fentimens ont été fort
partagés fur la caufe phyfique de ces
étranges événemens , & ne le font pas
moins encore aujourd'hui, malgré l'explication féduifante du Philofophe ;
& les apparencesplus fpécieufes encore du fyftême du Pere Kircher. Arifto-
te furtout ayant parlé, & tant de grands
hommes aprè s lui, peut-être devrions-

nous nous taire : mais de combien de découvertes auffi utiles que curieufes, la république des Lettres n'eût-elle pas été privée, fi l'ancien refpect pour un tel Maître eût toujours paru à ceux qui l'ont fuivi, une raifon fuffifante pour ne plus examiner après lui !

Il y a fans doute du rifque à propofer un fyftême différent de ceux que les Anciens ont adopté : mais ne feroit-ce pas auffi faire trop d'honneur à leurs fiecles, & manquer d'égard pour le nôtre, que de prétendre que tout a été dit, & qu'il ne nous refte plus rien à faire qu'à les admirer, en nous renfermant avec un refpectueux filence dans les bornes qu'ils nous ont prefcrites !

Leurs fauffes conjectures fur l'étendue du monde, leur méprife manifefte fur la circulation du fang, leur ignorance palpable fur plufieurs autres faits naturels dont on a découvert depuis la véritable origine, font de bonnes raifons pour ne pas toujours regarder

A vj

comme des décifions infaillibles ce
qu'ils ont avancé avec le plus d'affu-
rance. Les droits du bon fens & de la
raifon ainfi revendiqués, voyons à
préfent par le libre ufage qu'il nous
eft permis de faire de l'un & de l'autre, s'il ne feroit pas poffible de trouver quelque chofe de plus fatisfaifant
que ce qu'ils nous ont laiffé dans leurs
écrits au fujet des tremblemens de
terre.

Tout fyftême qui ne peut rendre
compte des différens phénomenes dont
les derniers tremblemens de terre ont
été accompagnés ou fuivis, avec lequel
on ne peut concilier les effets compli-
qués qu'ils ont produit, les altérations
qu'ils ont occafionné, qui ne peut répondre à toutes les objections, réfou-
dre toutes les difficultés relatives à ces
mêmes tremblemens, ne peut être
confidéré comme vrai : une feule ob-
jection fans replique fuffiroit pour en
déceler la fauffeté : il doit fatisfaire
à tout, & tout expliquer ; & comme

les tremblemens de terre font une chofe naturelle, l'explication en doit être auffi fimple & naturelle. Un rai- fonnement Métaphyfique, des com- binaifons alembiquées, des conjectu- res fondées fur quelque caufe particu- liere, fur quelques effets a alogues avec elle, pourroient feulement faire honneur à la fagacité de leur Auteur, mais elles ne fatisferoient pas le lec- teur. Pour remplir fon attente, il ne faut donc pas feulement qu'elles em- braffent tout, qu'elles expliquent tout, qu'elles rendent compte de tout, mais encore d'une maniere proportionnée à la portée de tout le monde. Plus le fyftème fera fimple & clair, plus il nous paroîtra approcher de la vérité; & tel eft celui que nous propofons.

Les trois élémens, le Feu, l'Air & l'Eau, fur lefquels les Philofophes fe font fondés jufqu'à préfent, n'entre- ront qu'indirectement dans le plan de cet ouvrage; les événemens dont nous avons été témoins embraffant trop d'objets incompatibles avec ce qu'ils font capables de produire, soit que nous les considérions séparément, soit que nous nous les représentions comme réunis, pour pouvoir les leur attribuer.

Les eaux sont capables à la vérité de faire beaucoup de dégâts dans les terres qu'elles pénetrent, leur fluidité leur donnant lieu de s'insinuer bien avant dans leurs pores, de les miner peu à peu, de les détremper avec le temps, & de ruiner enfin des terreins considérables : mais nous ne voyons pas qu'elles puissent causer d'autre commotion que celle que la séparation, l'écroulement & la chûte de ces mêmes terres, peuvent occasionner dans les lieux circonvoisins & à une assez legere distance. Les eaux, faute de ressort & d'élasticité, ne pouvant produire par elles-mêmes d'effets plus étendus, ni causer d'ébranlement plus éloigné, à plus forte raison les horribles secousses dont plus de huit cens lieues de terre ont été agitées ; les eaux, les seules eaux ne pouvant donc être considérées comme la cause effective des derniers tremblemens de terre, voyons si le feu, comme plus actif & plus violent, ne seroit pas ce principal moteur que nous cherchons.

- Nous nous déciderions volontiers pour le système qui le suppose, s'il étoit facile de se persuader qu'il soit aussi répandu dans la terre que le Pere Kircher le prétend : l'existence d'un feu central qui ne cesse d'agir, qui travaille continuellement à s'étendre, à se faire des nouvelles issues, présente à l'esprit de grands moyens de lever bien des difficultés : mais combien d'autres qu'il ne paroît pas possible de résoudre! Si la nécessité d'une prompte éruption, en conséquence sans doute d'un surcroît & d'une surabondance de matiere, l'a mis dans un état trop violent pour avoir pu se conserver dans les canaux comme auparavant, pourquoi ne s'est-il pas manifesté par les fentes & les crevaffes des terres qu'il a ouvertes & culbutées ? Pourquoi n'en eft-il pas forti avec une force & une impétuofité égales à l'effet qu'il auroit produit ? Pourquoi de nouveaux volcans ne fe font-ils pas formés ? L'iffue trouvée, il devroit durer encore ? Pourquoi n'avons-nous vu ni terre, ni pierres fauter en l'air, ni cendres fe répandre à l'entour, ni torrens bitumineux inonder la campagne, ni chaleur fenfible dans le voifinage des lieux abyfmés ?

Des flammes ont parues, dit-on ? foible acceffoire à la caufe générale, effet accidentel & de trop peu de durée, pour pouvoir les regarder comme une extenfion du prétendu feu central, & leur attribuer d'autre origine que celle qu'elles ont fans doute prife dans les veines fulfureufes & les couches bitumineufes des terres entr'ouvertes, & comme déchirées par les fréquentes & fubites fecouffes qu'elles ont effuyées; feu momentané, qui n'ayant pu

se soutenir qu'autant de tems que la
matiere inflammable a été capable de
fournir, n'a dû produire & tout au plus
à quelques lieues d. distance de son
foyer, que l'effet local & paffager que
sa brusque éruption a occafionné.

L'air raréfié, dilaté dans les entrailles de la terre, mais referré, gèné,
comprimé par la circonférence des
lieux qui l'environnent de toute part;
le volume de cet air augmenté, fortifié par les exhalaifons qui ne ceffent
de s'élever du fond des cavités fouterreines; ces exhalaifons qui manquent
d'un efpace proportionné à leur abondance, dans lequel elles puiffent s'é-
tendre à mefure qu'elles fe forment,
& qui font enfin contraintes de forcer
toutes les barrieres pour prendre effor;
tout cela porte, je l'avoué, des caracte-
res de vraifemblance auxquels il paroît
d'abord qu'on ne puiffe fe refufer:
auffi ce troifieme fyftême a-t'il été le
plus communément suivi. Mais en

l'examinant de près, n'a-t'on pas quelque fujet de croire qu'il n'a peut-être eu tant de partifans, que faute d'un fyftème plus probable ? Comment en effet attribuer à une fubftance auffi foible & auffi déliée que l'eft celle des exhalaifons, les fecouffes affreufes d'une maffe, je ne dis pas feulement de plus de huit cens lieues d'étendue, comme nous l'avons remarqué ci-deffus, mais néceffairement encore d'une épaiffeur confidérable dans quelques-unes de fes parties ? D'où leur viendroit tant de force ? Et comment leur fuppofer affez de reffort & d'élafticité pour vaincre une fi grande réfiftance ? Comment concilier avec elles des effets auffi variés que ceux dont toutes les rela tions font une fi ample men tion ?

Le lecteur voudra bien nous permettre de revenir un moment fur nos pas. D'où proviennent ces exhalaifons ? Condenfées d'abord, épaiffies

& comme congelées dans les plus baf-
fes parties de la terre, enfuite déve-
loppées en conféquence d'une fecrette
fermentation, elles fe gliffent, dit-on,
à travers fes pores, fe réuniffent dans
les cavernes fouterreines, s'accumu-
lent & en rempliffent enfin la capacité : bornées dans leur cours par les voûtes & les parois des prifons qui s'op-
pofent à leur paffage, elles fe rappro-
chent, fe ramaffent, fe preffent & fe
trouvent en état par ce moyen d'ébranler & de foulever les terres fupérieures. Mais ne pourroit-on pas deman-
der pourquoi ces mêmes exhalaifons,
les terres fupérieures étant certainement auffi fpongieufes & auffi poreu-
fes de leur nature que celles qui font
inférieures aux cavernes, (les eaux
qui ne ceffent de s'y filtrer par d'imperceptibles canaux en font une preuve manifefte), pourquoi, dis-je, ces
exhalaifons n'en pénetrent pas auffi les
pores avec la même facilité ?

Car de deux chofes l'une, ou ces

exhalaifons font plus raréfiées, plus
fubtilifées dans leur nouvel afyle, ou
elles y font plus condenfées : elles le
doivent être par rapport à la fraîcheur
des cavernes, & par conféquent plus
difpofées à fe cryftallifer, qu'à s'agiter,
& alors quelle activité, quel reffort,
quelle élafticité peuvent-elles avoir ?
Si elles font plus dilatées, plus fubtilifées, elles peuvent donc pénétrer les
pores de la terre fupérieure avec facilité, tranfpirer à mefure qu'elles s'élé-
vent vers les voûtes, & s'exhaler fans
obftacle : & alors quelle fecouffe, quel
tremblement peuvent-elles caufer ?

D'ailleurs toutes fortes de climats
font-ils propres à favorifer la production & la fublimation de ces exhalaifons ? Toute faifon peut-elle les mettre en mouvement ? Et fi le dévelop-
pement de leurs parties ne peut com-
pâtir avec des pays froids, avec des
faifons d'hyver, comment leur attribuer les tremblemens qui fe font fait
fentir avec tant de force dans ces mê-

mes pays, & dans ces mêmes faifons?
Engendrées dans des régions moins
froides, elles ont pu fe porter par les
conduits fouterreins jufques dans les
contrées les moins fufceptibles de chaleur, & y exercer leur violence ? Mais
outre qu'elles ont dû néceffairement
fe condenfer aux approches de ces
climats glacés, qui ne voit que fi elles
ont eu la liberté de s'étendre & de cir-
culer, elles n'ont donc pas été com-
primées, & fi elles n'ont pas été com-
primées, fi elles ne fe font trouvées
dans aucun état violent, comment
ont-elles pu acquérir affez de force
pour foulever les terres, & caufer les
feccuffes & les tremblemens qu'elles
ont éprouvé ?

Après de pareilles remarques l'on
eft fans doute excufable en refufant de
fe régler fur les différens fyftêmes de
ceux qui nous ont précédés : (nous
ne parlons pas des ingénieufes fictions
de quelques modernes, écrites avec
beaucoup d'efprit, mais fujettes à de

trop grandes difficultés pour qu'il foit poffible de les adopter.) Et nous ne voyons pas qu'on puiffe raifonnablement douter de leur infuffifance, après le jugement que l'une de nos plus célebres Académies en a porté, en exigeant un fyftême plus fatisfaifant ; eût-elle invité les Sçavans à travailler fur cette matiere, fi un feul d'entr'eux lui eût paru mériter fon fuffrage ? & le prix qu'elle a propofé ne prouve-t'il pas évidemment qu'on pourroit faire de plus heureufes découvertes ? Tâchons de répondre à fon attente, & voyons d'abord, en pénétrant en efprit dans les entrailles de la terre, quelles en font les différentes difpofitions.

Nous n'apprendrons rien de nouveau à nos lecteurs, en avançant, conformément au fentiment général des Philofophes, que la terre n'a pas partout la même folidité, mais qu'elle eft caverneufe en une infinité d'endroits ; & il faudroit n'avoir jamais lu le monde fouterrein du Pere Kircher & les preuves incontestables qu'il en donne pour en douter. L'opinion de M. Rohault, qui prétend que les fontaines & les rivieres viennent de la mer immédiatement, le suppose ; & ceux qui rapportent avec le premier, les volcans de l'un & de l'autre hémisphere, au feu central comme à leur principe, n'ont pu se décider pour cette conjecture, qu'en admettant ces immenses cavités : enfin quelque systême qu'on embrasse, ou il faut les supposer, ou se réduire à l'impossibilité de rendre raison des tremblemens de terre ; la terre considérée dans sa totalité comme une masse partout également solide, étant incapable de se prêter au jeu dont elle a paru susceptible.

Non seulement nous devons regarder les immenses cavités dont nous venons de parler, comme une chose incontestable , mais croire encore qu'elles servent presque toutes de receptacle à une prodigieuse abondance d'eaux ; que ces eaux, ou sont en repos

dans les lacs souterreins que leur épanchement a formés, ou qu'elles ont un
cours réglé dans les canaux qu'elles
parcourent ; qu'elles se divisent, qu'elles se partagent en circulant, & qu'elles se distribuent en différentes branches; qu'il est très-probable que ces
branches ou ces bras s'étendent à des
milliers de lieues, & que ces fleuves
inconnus & ces especes de mers souterreines ont leurs embouchures en
différentes parties du monde, & peut-
être dans les mers les plus éloignées:
les torrens qui se perdent dans la terre, les rivieres qui tombent sans cesse
dans ses abysmes, & qui ne paroissent
plus, ou qu'on ne voit sortir & repa-
roître de nouveau qu'après une absen-
ce de plusieurs lieues ; les gouffres
affreux qu'on remarque en plusieurs
endroits de l'Océan & de la Méditer-
ranée; ceux qu'on découvre dans la
mer Caspienne & le Pont-Euxin, dans
lesquels une partie de leurs eaux ne
cessent de se précipiter, ne permettent

pas

pas de douter de l'exiftence de ces eaux
fouterreines, & en même temps de
celle d'une iffue par laquelle elles
puiffent fe dégorger à mefure qu'elles
fe déchargent dans les fufdites cavités : que deviendroit en effet cette
continuelle abondance d'eaux ? &
quel réceptacle affez vafte & affez profond pourroit la contenir ? C'eft donc
une néceffité de convenir, & de la réalité de leur circulation, & de la cer-
titude de leur fortie. La fuite fera
connoître les avantages que nous devons tirer de cette feconde fuppofi-
tion.

Non feulement il doit nous paroître certain qu'un affreux déluge d'eaux
ne ceffe de fe rendre dans d'immenfes
cavités, & de fe répandre prefque
partout par de longs canaux fouterreins, mais encore que ces canaux font
inégaux dans leur largeur, leur profondeur, la hauteur de leurs falaifes
& l'élévation de leurs voûtes ; qu'ils
font plus larges dans les pleines & les

terres fablonneufes, plus étroits & comme étranglés dans les défilés des mon-
ticules internes & dans les entre-deux
des rochers ; & delà les mêmes inéga-
lités dans la circulation des eaux fouterreines, & les mêmes variations
dans leur cours, que nous voyons dans
les fleuves & les torrens qui coulent
& ferpentent fur la furface de la terre, c'eft-à-dire, qu'elles font calmes
dans les lacs, précipitées dans les pen-
tes, qu'elles ont leurs fauts, leurs ca-
taractes, leurs débordemens, & qu'elles font fufceptibles de tempête.

Cette analyfe fuppofée, il n'eft plus
queftion que de fçavoir par quel moyen
le trouble, le défordre, la confufion
ont été portés dans ces lieux pacifiques
& ténébreux. Quelle caufe affez puif-
fante, quel moteur affez fubtil, quel
agent affez délié a pu fe glifser, s'introduire dans ces affreux manoirs, &
pénétrer dans leurs vaftes efpaces ;
affez prompt, affez brufque, affez im-
tueux pour févir prefqu'en même

temps dans des contrées très-éloignées les unes des autres ; affez fort, affez violent pour produire en moins de quelques heures, & même de quelques minutes, en Europe & en Afrique des effets auffi furprenans que ceux que les derniers tremblemens de terre nous ont donné lieu de remarquer ? Et quelle autre caufe plus propre à agir de la forte que le vent, que ces redoutables vents que le Créateur tire de fes tréfors quand il lui plaît, dit le Prophete Roi, pour la manifeftation de fa puiffance, pour punir les uns & pour infpirer la terreur aux autres !

Rien en effet de plus fort que le vent : ceux qui fçavent par expérience jufques à quel point les eaux de la mer font quelquefois agitées, font en état de nous inftruire des prodigieux effets que cet impétueux météore eft capable de produire fur cet élément ; avec quelle promptitude & avec quel étrange fracas cette immenfe maffe d'eaux eft contrainte de lui obéir & de céder

à fes efforts : les ravages que ces mêmes vents ont fait tant de fois fur la
terre , ne nous fourniffent pas de
moindres preuves de leur violence ; &
les faits extraordinaires dont l'hiftoire
naturelle eft remplie , ceux que nous
trouvons dans les relations de plufieurs
Voyageurs , pafferoient pour incroya-
bles s'ils n'avoient pour garans les témoins les plus dignes de foi : des fo-
rêts entieres arrachées , des maifons
abattues , des tours renverfées , des
villages ruinés , font des monumens
de leur fureur. Quel plus grand ra-
vage ne pourroient-ils pas faire ! Quels
plus grands dommages ne feroient-ils
pas capables de caufer s'ils étoient en-
fermés dans des fouterreins , referrés
dans d'étroites cavités qui les gêne-
roient dans leur cours , ou s'oppofe-
roient à leur paffage! Quel état plus violent encore ; quel combat affreux , fi
deux vents contraires & partis de deux
points oppofés fe rencontroient dans
la direction de leur courfe impétueu-

fe, & fe heurtoient de front ! Quel
choc alors de part & d'autre ! Quels
efforts pour vaincre leur mutuelle réfiftance & l'emporter l'un fur l'autre !
Quelle irritation, quelle agitation
pour percer, pour ne pas rebrouffer
chemin, furtout fi l'un & l'autre fe
trouvoient fecondés, renforcés de moment en moment par de nouveaux
ouragans ! Eft-il d'effets affez violens
& affez étendus qui n'en puiffent ré-
fulter ! Quel bruit alors ! Quels fourds
bourdonnemens ! Quels fifflemens ai-
gus ! Quels horribles mugiffemens ne
doivent pas fe faire entendre par les
fentes & les crevaffes des terres ébran-
lées, entr'ouvertes ! Quelle commotion encore dans ces mêmes terres !
Quelles fecouffes ! Quels tremblemens!
Quel foul.vement dans celles ou qui
portent immédiatement fur les voûtes
de ces lieux agités, ou qui les environnent ! Enfin quelle perturbation !
Quel gonflement ! Quelle confufion
dans les eaux qui circulent ou qui fé-

journent dans les antres de la terre !
Quel épanchement de ces mêmes eaux
dans les espaces libres, dans les pleines souterreines ! Quelle précipitation
dans celles qui tirent d'elles leur origine ! Quel refoulement dans celles
qui sont en correspondance avec elles ?

Tel est le plan, telle est toute l'éco-
nomie du système que nous proposons,
& que nous proposons avec d'autant
plus de confiance, que comme il n'est
pas douteux (supposé que les vents
soient capables de produire tous les
effets que nous venons d'exposer) que
la cause efficiente des tremblemens de
terre seroit découverte, si nous pou-
vions prouver la réalité de leur existence dans ses cavités, il est évident que
ce sera lui donner toute la probabilité
qu'on peut seulement exiger de qui-
conque entreprend d'écrire sur cette
matiere, si nous pouvons mettre nos
lecteurs en état de convenir de la pos-
sibilité de l'introduction de ces mêmes
vents dans les susdites cavités : je dis

l'introduction, parce qu'il n'eſt ici
queſtion que de vents étrangers, que
de vents dont le regne s'eſt d'abord
manifeſté ſur notre horizon : les vents
regnicols, c'eſt-à-dire, qui ſéjournent
habituellement dans l'intérieur de la
terre, & que quelques Philoſophes
prétendent ſe former du mêlange des
vapeurs & des exhalaiſons ſouterrei-
nes, ne nous paroiſſant pas capables,
pour des raiſons qu'il ſeroit trop long
de déduire, des violentes opérations
dont nous cherchons le principe ; ou
ſi l'on veut que nous nous en tenions-
là, la cauſe ſera bientôt finie : peu
nous importe par quelle eſpece de
vents la terre ait été ſi vivement agitée,
pourvu qu'il paſſe pour conſtant que
les vents en ont été l'unique cauſe :
voyons cependant ſi ceux qui s'élevent
ſur notre hémiſphere ne nous en four-
niront pas une plus puiſſante & plus
porportionnée à l'événement.

Les vents ne partent pas tous du
même point, ne ſoufflent pas tous

avec la même force , & n'ont pas tous
la même direction : nul autre météore
moins fusceptible d'harmonie. Les
uns fe portent fur la terre horizonta-
lement, les autres obliquement, d'autres enfin perpendiculairement , &
affez fouvent avec un mouvement cir-
culaire : je ne m'attacherai qu'à ces
derniers : leur entrée , leur féjour dans
les lieux fouterreins, leur fortie de
ces mêmes lieux, vont me fournir toutes les preuves dont j'ai befoin pour
juftifier ce que je crois pouvoir avancer , à fçavoir que le jugement que
nous devons porter des derniers tremblemens de terre , eft de les confidérer comme l'effet d'une tempête fou-
terreine occafionnée par de violens
ouragans , par d'impétueux tourbillons de vents contraires , qui s'étant
fait jour par différentes ouvertures
dans les entrailles de la terre , lui ont
caufé par leur turbulente agitation,
les fecouffes réitérées qu'elle a éprouvé : vents inégaux dans leur volume,

dans leur force, dans leur activité; p'us ou moins forts, plus ou moins violens, plus ou moins fréquens, comme on a souvent lieu de le remarquer dans ceux qui s'élevent & parcourent notre horizon. Mais par quel endroit, par quelle ouverture, par quel orifice ont-ils pu s'introduire dans les cavités de la terre ? C'eft fur quoi il importe maintenant de fatisfaire la curiofité du lecteur.

Il n'exigera pas, fans doute, que nous défignions précifément les ouvertures particulieres par lefquelles ces redoutables vents ont pu pénétrer : ce ne féroit pas le refpecter autant que nous le devons, fi nous le croyions capable de s'en rapporter là-deffus à nos idées, & elles ne pourroient être que chimériques : il fuffira de lui rappeller ce que nous avons dit ci-deffus, & qu'il n'ignore pas plus que nous, que ces fortes d'ouvertures fe trouvent en plufieurs endroits; qu'il y en a fur la furface de la terre, & qu'il y en a fur celle de la mer ; & peut-être les unes & les autres fe font-elles également prêtées à l'introduction dont il s'agit : cependant comme tout fyftême doit porter fur quelque chofe de pofitif, nous efpérons qu'il ne trouvera pas mauvais le parti que nous prenons de nous décider pour une conjecture qui lui paroîtra peut-être porter avec elle quelque chofe de plus que le caractere d'une fimple vraifemblance : voici donc ce que nous penfons de la caufe du tremblement de terre arrivé le premier du mois de Novembre de l'année derniere 1755, & de ceux qui l'ont fuivi.

Repréfentons - nous deux de ces vents impétueux auxquels les Philofophes donnent tantôt le nom de tourbillon, & tantôt celui d'ouragan ; l'un formé dans les climats du Sud ou du Levant, l'autre dans celui du Nord ou du Couchant : le mouvement de l'un & de l'autre dirigé d'abord vers la moyenne région de l'air, & delà

l'un & l'autre obligés par une subite
répercuſſion de ſe replier ſur eux-mêmes avec précipitation, (cette répercuſſion aux approches de la moyenne
région n'eſt pas une ſuppoſition ha-
zardée, puiſqu'il n'eſt point de Philoſophe qui n'en faſſe mention dans
le Traité des vents,) de ſe rabattre
vers la terre , & de tomber perpendiculairement en ligne ſpirale & comme d'à plomb ſur la ſurface de quelques-uns des gouffres dont nous avons
parlé ci-deſſus : une chûte auſſi bruſ-
que & auſſi violente a dû produire
dans l'inſtant par une forte preſſion
ſur le baſſin de ces gouffres deux effets
très-naturels, l'un d'obliger une partie
des eaux prêtes à tomber de s'éloigner
du centre des baſſins , & de ſe gonfler
extraordinairement vers les points de
leur circonférence ; l'autre de précipiter la chûte de celles que les gouffres
continuoient de recevoir dans leurs
abyſmes.

Le volume des eaux tombantes ainſi

B vj

diminué par l'écartement & le retardement de celles qui devoient les fuivre, un espace vuide à proportion de
cette diminution, a dû paroître dans
la capacité de ces gouffres, entre le
torrent d'eau & une partie de leur
contour intérieur, & par conféquent
faciliter l'entrée ultérieure des tourbillons : l'on conviendra fans doute
qu'il n'y a rien en tout cela qui ne fe
comprenne aifément. Defcendus dans
ces affreux abyfmes, & preffés prefqu'auffi-tôt par la maffe d'eaux qu'ils
tenoient d'abord comme fufpendues,
& que leur propre poids a, quelques
momens après, contraintes de s'y précipiter, avec quelle furie, avec quelle
impétuofité n'ont-ils pas dû fe porter
dans les cavités de la terre, & y fuivre
pêle-mêle ces premieres eaux dans
leur cours ? Et alors quelle étrange
agitation de part & d'autre ! Quels
mouvemens convulfifs ! Quel boule-
verfement dans les lieux fouterreins !
Foible tempête cependant en com-

paraifon de celle dont elle va être
fuivie !

Parvenus l'un & l'autre au point de
leur jonction avec une force égale,
incapables de plier, fi j'ofe me fervir
de cette expreffion, de céder l'un à
l'autre, déterminés de part & d'autre
à s'ouvrir un paffage pour continuer
leur courfe, à quel horrible fracas ne
doit-on pas s'attendre ? & de quelles
fuites funeftes ne doit pas nous me-
nacer un combat de cette efpece ?
C'eft alors, qu'outre tous les ravages
dont nous avons parlé dans notre fup-
pofition préliminaire à l'événement,
c'eft alors, dis-je, que ces fougueux
tourbillons, tantôt vainqueurs, & tantôt vaincus, forçant toutes les barrieres qui les environnent, brifent les
voûtes fouterreines, ébranlent les rochers, féparent, divifent les montagnes, foulevent les terres : elles trem-
blent, elles fe fendent, elles s'ouvrent, elles s'affaiffent, elles tombent,
elles s'abyfment & engloutiffent avec

elles tout ce qu'elles foutenoient : déja des milliers de maifons tombent en ruine, des villes entieres s'écroulent : encore quelques momens & la malheureufe Lisbonne va difparoître ! Déja elle n'eft plus !

Pourfuivons : l'entrée des deux premiers tourbillons fuppofée, nous ne voyons pas de raifon pour l'interdire à un troifieme, à un quatrieme & enfin à plufieurs autres, foit le même jour, foit les jours fuivans, & même quelques mois après : & delà de nouveaux chocs, de nouveaux combats, de nouvelles fecouffes, de nouveaux tremblemens, felon leurs différentes rencontres, leurs différens progrès ou les différens obftacles qu'ils ont pu rencontrer dans leur route : delà encore l'inégalité, l'interruption ou la ceffation des tremblemens de terre, la raifon de leur étendue & de leur durée : delà enfin, j'entends l'introduction tant des premiers tourbillons que de ceux qui les ont fuivi ; delà tous les autres phénomenes qu'on a remarqués prefqu'en même tems en différens endroits, & même dans des contrées très-diftantes les unes des autres; ces tourbillons ayant pu aifément & en moins de quelques heures, fe porter par l'extrême vélocité qui leur eft propre, d'un bout du monde à l'autre, & produire dans toute la longueur du trajet, felon les différentes difpofitions des terres qui portent fur les cavités qu'ils ont parcouru, c'eft-à-dire, leur plus ou moins d'épaiffeur ou d'élévation au deffus des voûtes de ces mêmes cavités; felon le plus ou le moins d'éloignement des différens champs de bataille où les rencontres fe font faites, & où les chocs ont eu lieu, les effets extraordinaires qui font encore aujourd'hui le fujet de notre admiration & de notre étonnement.

Telles font les raifons pour lefquelles la France & quelques autres Royaumes ont été moins fatigués; qu'une

partie de l'Afrique , & presque tout
le Portugal ont été si maltraités, &
que plusieurs autres Etats ne l'ont
point été du tout ; l'immense épaisseur
des terres qui les séparent des cavernes souterreines dans lesquelles le
combat s'est donné , ou leur trop grand
éloignement de celles où les vents ont
agi avec plus de force & de violence,
les ayant garai... du même fléau. Enfin
si le calme a succédé , il n'en faut point
chercher d'autre cause que le défaut
de l'introduction de nouveaux tourbillons , qui ne s'étant point insinués
depuis quelque tems dans les gouffres
de la mer , ne font point sentir leur
fureur à la terre; ou parce que celle
des anciens s'étant enfin ralentie &
même totalement dissipée par la facilité qu'ils ont eu de se mettre en liberté par les différentes ouvertures,
ou qu'ils se font faites, ou qu'ils ont
trouvées, l'on a dû cesser en conséquence d'éprouver les mêmes effets.

Comme les mouvemens convulsifs

dont la terre a été agitée ne font pas les feuls effets que les vents aient produit, il eſt encore néceſſaire de nous expliquer fur les autres phénomenes dont ces mouvemens ont été accompagnés ou fuivis : nous les réduirons à deux principaux, l'un par rapport aux eaux, & l'autre par rapport au feu : par rapport aux eaux devenues par la fingularité de leur variation dans leur cours & dans leurs couleurs, l'écueil des réflexions de nos meilleurs Philoſophes : tels ſont le fubit tariſſement ou l'écoulement plus abondant de quelques fontaines ; le débordement ou la diminution fenfible des eaux de quelques rivieres ; le deſſéchement ou le gonflement momentané de quelques lacs, leur trouble, leur épaifiſſement, leur agitation, enfin les différentes couleurs des uns & des autres ; faits d'autant plus frappans qu'ils ſont plus contradictoires, mais qui n'auront plus rien de furprenant, ſi nous confidérons les eaux fouterreines tantôt com-

me pouſſées de tous côtés avec une
extrême violence, pourſuivies, entraî-
nées par les tourbillons juſques dans
les cavités les plus reculées, & tantôt
comme ramenées avec la même violence par le mouvement rétrograde,
& le retour tumultueux de ces mêmes
tourbillons.

Repouſſées de tous côtés, il eſt ma-
nifeſte qu'elles ont dû chaſſer devant
elles, en même temps & avec la même
force, toutes les eaux qui communi-
quent avec elles, accélérer par conſé-
quent, précipiter le cours des fontaines, en augmenter même le volume;
& pour la même raiſon, non-ſeulement celui des lacs & des rivieres,
mais encore celui de la mer ; & delà
en partie ces bouillonnemens affreux,
ce flux & ce reflux de ſes eaux ſi ſouvent répétés en un même jour, cette
ſortie de ſes bornes ordinaires : ces
coups de mer devenus ſi funeſtes à tant
de perſonnes : je dis en partie, étant
plus probable encore que les tourbil-

lons qui les ont chaffées ces eaux, jufques-là & pourfuivies fi vivement,
ont eu beaucoup plus de part qu'elles
à ces différens accidens par les efforts
qu'ils ont fans doute fait pour profi-
ter de l'iffue & s'échapper avec elles.
Delà encore ces subites inondations
en pleine campagne, ces torrens for-
tis en quelques endroits du fein de la
terre, entr'ouverte d'abord par la véhé-
mence des vents, & contrainte de
fe prêter à l'éruption de ces eaux er-
rantes & tumultueufes.

Obligées de fe replier enfuite fur
elles-mêmes, ramenées par le mouvement contraire des tourbillons, des
différentes extrêmités où leurs premiers efforts les avoient portées, en-
traînées avec eux dans des cavités oppofées, il eft aifé de comprendre que
n'étant plus alors à portée de fournir
à leurs correfpondantes les eaux néceffaires pour en entretenir le cours,
ces mêmes fontaines ont dû tarir en
conféquence, ces lacs fe deffécher, &

ces rivieres confidérablement dimi-
nuer : & fi quelques-unes de ces fontaines coulent depuis avec plus d'a-
bondance, tandis que d'autres donnent une moindre quantité d'eau ; il
n'en faut point chercher d'autre caufe
que le dérangement de leurs veines
fouterreines, occafionné ou par l'élar-
giffement, ou par le refferrement ; ou
par l'affaiffement & l'éboulement des
terres agitées, par le moyen defquels
un nouveau paffage ayant été ouvert
aux unes, tandis que ces mêmes accidens l'ont fermé aux autres, il n'eft
pas étonnant que celles-ci aient fouf-
fé une fi fenfible diminution, en
même temps que celles-là ont acquis
un plus grand volume.

Rendues enfin à leur premier afyle,
rentrées dans leur lit naturel, toutes
les eaux dépendantes & relatives rece-
vant alors d'elles les mêmes fecours,
il n'y a aucun lieu de s'étonner qu'elles aient repris leur premier cours,
& qu'elles aient continué de fluer

aussi tranquillement qu'auparavant.

Les couleurs accidentelles dont les eaux ont paru teintes, ne souffrent pas plus de difficulté ; les différentes dispositions des terres intérieures les ayant visiblement occasionné : on sçait qu'il y a des limons de plusieurs especes dans les lieux marécageux de celle que nous habitons ; qu'il y a des sables à une certaine profondeur & même à quelques pieds seulement de sa superficie, de différentes couleurs ; qu'il y en a de bruns, de rouges, de jaunes, &c ; que la vase est blanche dans quelques lacs, & noire dans d'autres : pourquoi ne s'en trouveroit-il pas de semblables dans les entrailles de la terre, dans le fond de ses lacs & dans le lit de ses rivieres ? Détrempés, élevés, mis en mouvement par la violence des vents, mêlés, confondus avec les eaux agitées, ils n'ont pas dû seulement en altérer la pureté, mais encore les teindre différemment selon leurs différentes qualités : & delà les couleurs plus ou moins fortes qu'on a remarquées. Le fond de la mer n'eſt pas partout ſablonneux : elle a auſſi ſon marc, ſa vaſe, ſon limon en pluſieurs endroits, & ſurtout dans ceux qui ſont les plus proches de la terre : & delà la cauſe de l'affreuſe noirceur de ſes eaux dont on s'eſt apperçu ſur pluſieurs côtes.

Les flammes que quelques-uns prétendent avoir remarqué ſur celles de Portugal, ne demandent point d'autre explication que celle que nous avons donné ci-deſſus, en les repréſentant à nos lecteurs comme un feu paſſager que la terre a exhalé, & qui s'eſt formé dans le moment par l'inflammation des matieres ſulfureuſes & bitumineuſes qui ſéjournoient dans ſes veines, & que le ſubit déchirement ou le violent frottement des parties de cette terre agitée a mis en mouvement.

Les bruits ſouterreins qui ſe ſont fait entendre en pluſieurs endroits,

les mugiffemens effrayans dont prefque toutes les relations font mention,
n'ont rien que de très-conforme au
fyftême que nous venons d'établir,
puifqu'ils confirment manifeftement
l'exiftence des tourbillons dans les cavités de la terre, prouvent leur irritation, leur violence, la réalité de
leurs chocs impétueux, & de leurs
tonitrueux roulemens dans fes efpaces caverneux, jufques au moment où
de favorables iffues ont enfin donné
lieu à l'entiere liberté qu'ils étoient
impatient de fe procurer ; & delà l'u-
tilité de la fage précaution prife par
les Perfes, dans le deffein d'empêcher
en tout ou en partie, les fuites funeftes de leur fureur, en creufant dans
les terres de diftance en diftance des
puits extrêmement profonds, & fans
doute jufques au deffous du ciel des
cavernes fouterreines, par le moyen
defquels, comme par autant de fou-
piraux, les tourbillons prenant leur
effor, il eft très-concevable ou qu'ils

doivent ceffer d'exercer leur violence dans l'intérieur de la terre , ou au moins qu'ils n'y doivent plus régner avec la même force.

Nous paffons fous filence plufieurs autres incidens de moindre confé- quence, tant par rapport à la néceffité de nous borner , que parce qu'il n'en eft aucun qui ne trouve fa folution dans les différentes explications que nous venons de donner : heureux fi le lec- teur les trouve auffi fatisfaifantes qu'el- les nous le paroiffent ! J'ai l'honneur d'être avec refpect,

MONSIEUR,

Votre très-humble & très-
obéiffant ferviteur
Fel. de St. N. C. D.

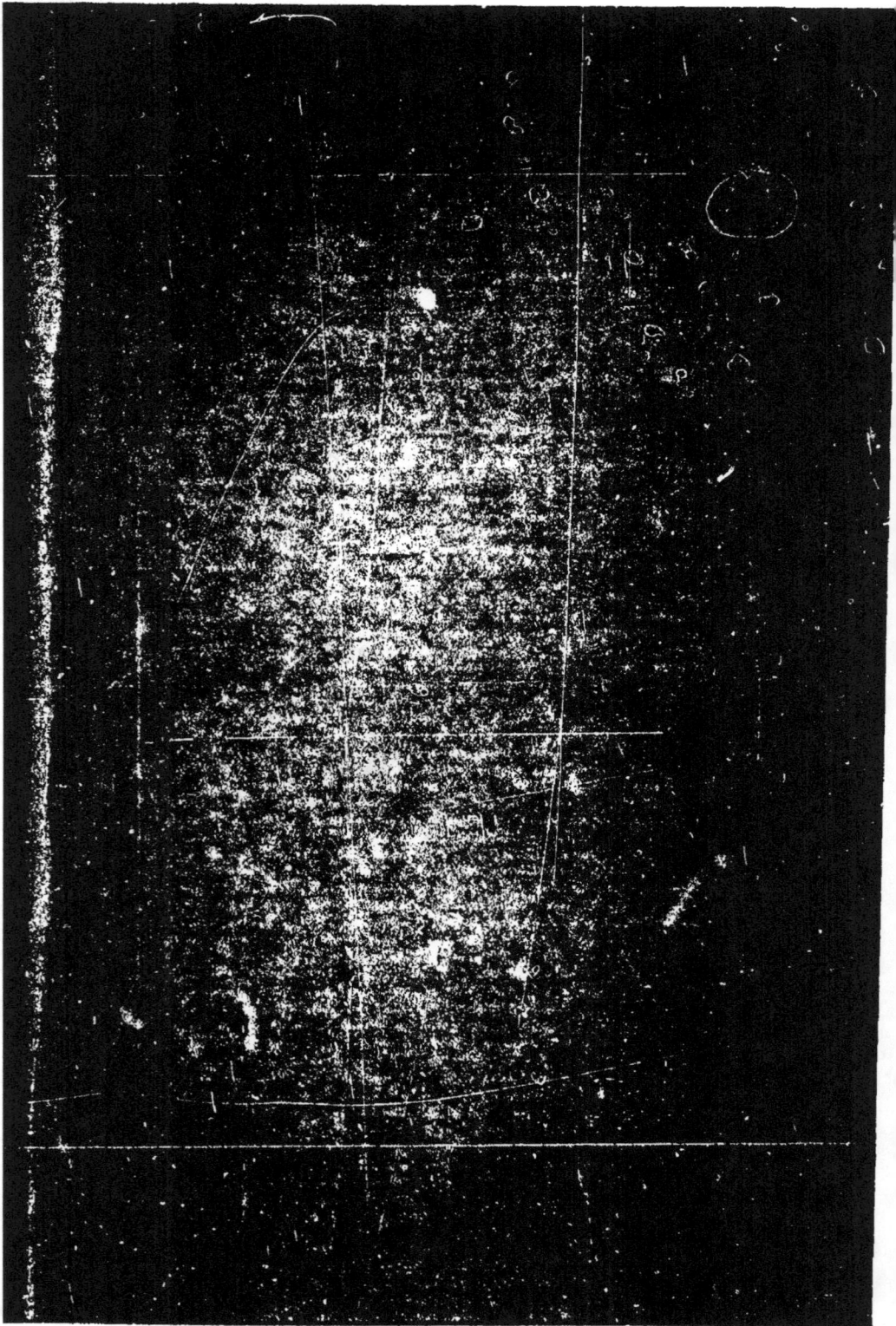

www.ingramcontent.com/pod-product-compliance
Lightning Source LLC
Chambersburg PA
CBHW050105210326
41519CB00015BA/3827